阳台种菜

姜璇 编著

辽宁科学技术出版社
沈阳

阅读指南

第一步 拿到本书时，先打开P6，大概了解一下自家阳台适合种哪些蔬菜。

第二步 打开P7，了解阳台种菜需要用到哪些工具，根据自家现有工具状况，预备购置的工具（可列出一个准备购置清单，结合具体品种确定）。

第三步 打开P8，根据你的喜好或蔬菜的品种大小、栽种数量等准备适合的栽种容器（先了解，结合具体品种确定）。

第四步 打开P8～P9，了解从哪里买到需要的蔬菜种子，并学会基本的质量鉴别方法。

第五步 打开P9，可以看到种菜肥料是从哪里买到的，以及鉴别假冒伪劣肥料。

第六步 打开P10～P11，教你正确施用肥水（包括施肥、浇水、松土的先后顺序），并教你认清那些施用后会对人体产生危害的肥料。

第七步 打开P12～P13，可以看到详细的无农药污染防治病虫害的栽种及管理方法。

第八步 翻开目录，从"栽培方法"中按照"叶类蔬菜"、"果实类蔬菜"、"根茎类蔬菜"、"佐料类蔬菜"四大类别查找喜欢种植的蔬菜品种，并按对应的页码打开相应的栽培方法。

第九步 当翻看到对应的蔬菜品种时，先了解它的"种植季节"，看是否适合在当前的时令种植；再了解它的"生长条件"，看适合摆放在阳台的哪些位置（比如，需光照条件的摆放在合适的向阳处，不需要光照条件的摆放在阴凉处等）。

第十步 看到"种植方法"中金黄色的字，大多是栽培中常遇到的疑问或陌生的农作物术语，可在当前品种最后面的"常遇问题解答"中找到解答。

第十一步 当你按照相应品种栽培管理后，可翻看相应的"采收方法"，让你不会错过最佳的采收时间，导致菜过老或未充分长大而浪费。

前　言

随着生活水平的提高，人们对于吃的理解已不再仅是为了填饱肚子，如何吃得健康和营养已成为炙手可热的话题。

据国家相关部门统计，目前有95％以上的水果和蔬菜生产都依靠化学农药。国家质量监督检验检疫总局公布：果蔬农药残留量超标的问题高达87.5％。如果长期食用带有残留农药的食物，会导致身体免疫力下降，促使身体各组织内细胞癌变，还易积存在体内，引起慢性腹泻、恶心等症状，长期积累还会引起慢性中毒，诱发多种疾病，尤其是孕妇食用后，可能会影响到胎儿的健康。据相关报道，近年有很多因长期食用含农药的食物而引起肾衰竭致死的例子。

可见，多吃"绿色"（无污染）的蔬菜和水果才能获得健康。因此，如何在自家的阳台上种出能够安全食用的蔬菜及瓜果，既是人们开始关注的话题，也是本书所要介绍的重要内容。

本书将日常食用的蔬菜分为叶类蔬菜、果实类蔬菜、根茎类蔬菜和佐料类蔬菜四大类别，依据营养健康及栽种难易程度等多方面精选了几十种既营养又适合家庭阳台上栽种的蔬菜。书中配有海量插图，将每种蔬菜的营养介绍、食用宜忌及相生相克等，尤其是栽种方法通俗详细地进行了讲述，比如介绍了从哪里买肥料和种子、怎样施肥及浇水、怎样不用农药防治病虫害、怎样防治栽培中遇到的多种常见问题等。

本书最大亮点是增加了"育苗"这一环节，因为很多人直接利用种子进行栽种往往不能取得理想的结果，而做好育苗工作可以大大提高品种的成活率和产量。因此，本书对各个品种的育苗前种子防病害处理、提高出芽率方法，以及无农药污染防治病虫害等均作了详细的介绍，让读者从一个都市种菜新手变成自家阳台上的"专业农夫"，把玩盆栽艺术的同时，享受田园收获带来的喜悦及欣慰！

编者

目录

PART1 阳台种菜前须知

一、我家阳台适合种哪些菜

蔬菜是否能够成活及苗壮生长与种植环境有着莫大的关系，究竟家里的阳台能够种植哪些蔬菜，这主要取决于阳台的朝向以及封闭状况。

1. 阳台的朝向

不同的蔬菜品种对阳光照度（即光照）的需求不同，而阳台的朝向决定着光照条件，只有适合该阳台光照条件下的蔬菜才能健康地生长，并易获得丰产。

朝东阳台：为半日照阳台，适宜种植喜光耐阴的蔬菜品种，如油麦菜、丝瓜、香菜、萝卜、生姜等。

朝南阳台：为全日照阳台，光照充足，通风也佳，几乎适宜种植所有蔬菜，如黄瓜、苦瓜、菜豆、辣椒、西红柿、莴笋、生菜、大蒜等。

朝西阳台：为半日照阳台，但夏季西晒时温度较高，易使蔬菜产生"日烧"现象。因此，夏季适合种植蔓性耐高温的蔬菜，如丝瓜、苦瓜、空心菜、茄子、南瓜等；其余季节适合种植喜光耐阴的蔬菜，如芹菜、包菜、蚕豆、萝卜、草莓等。

朝北阳台：为无日照阳台，适宜种植的蔬菜品种较少，可选择耐阴的蔬菜，如香菜、芹菜等。若夏季高温时有强烈的反射光及辐射光，应注意遮护。

2. 阳台的封闭状况

温度除决定蔬菜的成活之外，还影响蔬菜的品质、产量及口感等，而阳台的封闭状况决定了阳台上的温度条件。只有适合该阳台温度条件下的蔬菜，才易成活及丰产。

全封闭式阳台：相当于温室环境，冬季温度也较高，几乎四季均可种植蔬菜，且大多数蔬菜都适宜种植。

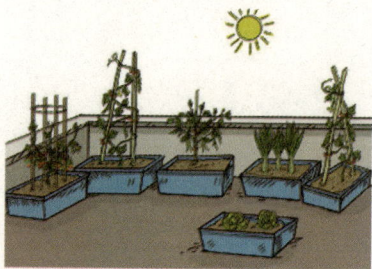

半封闭式或未封闭式阳台：一般冬季因通风而温度较低，夏季因太阳直接照射而温度过高，多适合在春、秋季栽种蔬菜，夏季可用遮阴网等工具遮护栽种，冬季则不宜种植蔬菜。

二、阳台种菜需要用到哪些工具

在阳台上种菜主要会用到以下工具，当然，你也可以更加灵活地用其他工具代替。

塑料盆

用于浸种、取水等

滤网勺

捞种子、洗种子等

小耙

主要用于中耕松土

园艺铲

用于起苗时挖苗及铲土、铲草等

小镐

配制营养土或药土时用于混拌，或整理苗床时整理土壤或铲草等使用

竹竿

给某些蔬菜引蔓绑架时使用

小竹棍

给某些蔬菜作临时支架用

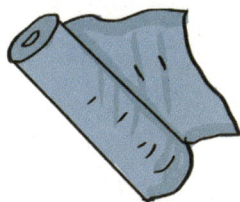

塑料薄膜

用作地膜覆盖苗床，以利保温保湿等

水壶

用于蔬菜日常管理中的浇水、施肥等

细孔喷壶

用于播种后浅浇水或苗较小时浇水

金属丝

给某些蔬菜插竿立支架或盆艺造型时用

麻绳

给某些蔬菜绑茎蔓用

剪刀

采收、整枝等用

三、如何选择栽种容器

用于种菜的容器形形色色，可以从园艺店、花市、菜市场等直接购买，也可用坛子或是塑料盆、花槽、木箱、水桶、铝皮箱、塑料盒、麻袋等来代替。

一般来说，单株或少量栽种的，适合选择**圆形口径容器**（书中简称为圆形容器），也可选用**方形口径容器**（书中简称为方形容器）；多株或较大量栽种的，适合选用**方形容器**，因为占地面积相同的容器，方形容器中栽种的数量更多。

依据容器排涝性能，又分为**盆底无孔容器**和**盆底带孔容器**。盆底无孔容器适合栽种那些不怕涝、耐湿、需水量较大的蔬菜。盆底带孔容器主要用于栽种那些不耐涝、怕水渍的蔬菜，容器盛土前盆底可垫瓦片或填塞尼龙纱。哪种蔬菜宜选择哪种容器详见品种的具体栽培方法。

四、从哪里购买蔬菜种子

1.种子的购买

可从农家、园艺店、花店、菜市场、农艺市场或种子公司和经销处购买种子，也可从网上购买，但最好从种子公司和经销处购买，这些机构往往分布在农林院校周边。

购买之前一定要考虑自家阳台的光照条件和封闭状况，了解自家阳台上适合种植什么样的蔬菜，再根据自己所能获得的材料条件（如肥料、土壤等）及栽种季节选择适合栽种的品种。购买时选择信誉好且有一定规模的种子销售处，正规的种子销售部门应具有固定的营业场所及管理单位颁发的"种子经营许可证"、"营业执照"，且信誉度较高，具有一定的经营规模。

2.种子质量的鉴别

购买时应注意检查以下几个地方：

看包装：尽量选择包装精美、有商标的种子，包装袋上标注了品种名称、产地、经营许可证编号、质量指标、品种说明、检疫证明编号、生产日期、生产单位及联系地址等，字迹要清晰，介绍要明确，内容要齐全。

看品种及栽培技术介绍：查看品种及栽培技术介绍，根据自家条件选择适合的品种。

看种子质量：选择没有梗子、小土块及其他种子等混杂物的种子。种皮要有光泽，颜色要新鲜且均匀一致，粒形、大小也要均匀一致。像辣椒、芹菜等具有特殊味道的种子，一般新鲜的种子比陈旧的种子味道要浓。

不同品种种子的具体选择方法详见各品种栽培说明。

3.索取并保存有效发票

向销售处索取盖有单位公章的发票，发票上须注明品种名称、数量、价格等。保存好该发票，并及时拆开一袋做发芽率测试，以便尽早退货或换货；测试播种后要保留种子样品和包装袋，如果种子质量有问题，可以此作凭证。

用剩的种子应重新密封，再置于冰箱或冷藏柜中保存。

五、关于种菜肥料

1.选购有生产许可证和登记证的肥料

据《肥料登记管理办法》第十四条规定：对经农田长期使用，有国家或行业标准的下列产品免予登记：硫酸铵、尿素、硝酸铵、氰氨化钙、磷酸铵（磷酸一铵、磷酸二铵）、硝酸磷肥、过磷酸钙、氯化钾、硫酸钾、硝酸钾、氯化铵、碳酸氢铵、钙镁磷肥、磷酸二氢钾、单一微量元素肥、高浓度复合肥。其余肥料均要经过农业行政主管部门对生产厂家进行现场考察及对工商营业执照等资料进行严格审查；并对肥料产品进行抽样检测，做规范化的田间试验，合格者才给予产品登记。因此，属登记范围内而未登记的肥料，均属非法生产销售的产品，千万不要选购此类商品。

另外，许多化肥制造及经营者为了达到促销的目的，往往会在化肥标志上夸大肥料的功能，选购时应注意包装标志的规范性，如说明书、外包装标志、合格证、质量证明、标签等，千万不要被包装上虚假的信息欺骗。要选择包装完整的肥料，因为即使是合格的肥料，如果包装不完整，也易吸潮而使肥料水分含量超标，导致养分含量不足。

2.忌用食后易致病的肥料

硝态氮肥：施用硝态氮肥后，会使蔬菜中的硝酸盐含量成倍增加，而硝酸盐含量高的蔬菜易引起人体血红蛋白变性，使心脏、脑等器官缺氧，造成呼吸中枢麻痹。硝酸盐进入人体后还原成亚硝酸盐（是一种毒性很强的致癌物），可能会引发食道癌、胃癌等消化系统癌症。

鲜人尿粪：施用人尿粪应经过高温堆闷，使其充分发酵腐熟。鲜人尿粪含有蛔虫卵，而蛔虫卵在外界的生存能力很强，直接施用未经充分腐熟的人尿粪会污染蔬菜，人食用后易感染蛔虫病，引发肠穿孔、蛔虫性哮喘、蛔虫性肺炎、急性腹膜炎等多种疾病。

3.不宜用易毒害作物根系的肥料

含氯肥料主要指含有氯离子的化肥，如氯化铵、氯化钾、含氯复合肥。施用含氯肥料后，铵、钾等元素被土壤吸收或作物吸收后，氯离子易残留在土壤中，当达到一定浓度时，会对作物根系产生毒害，致使作物的淀粉和含糖量下降甚至植株死亡。尤其是西红柿、土豆等对氯元素最敏感的蔬菜作物，最好不要施用。

4.干旱施肥易烧根

干旱时施肥不但不能充分发挥肥效，还会使土壤肥液浓度骤然升高，引起烧根现象。因此，干旱地施肥应结合灌水进行，可在距植株根部10厘米处挖穴或开沟施肥，然后再灌水。

5.正确追施叶面肥

追施叶面肥能促使蔬菜生长旺盛，防止早衰，是一种提高产量及改进品质的施肥方法。

施肥部位：主要喷施于蔬菜上部的叶片部分，尽量于叶片正面与背面均匀喷施，因为叶片背面吸收养分的速度比正面大几倍至十几倍。

适合作叶面肥的肥料：叶类蔬菜需氮肥较多，喷施叶面肥以尿素、硫酸铵等为主。瓜果类蔬菜（如西红柿、豆角、辣椒及各种瓜类）对氮磷钾肥的需求较均衡，适合选用氮磷钾混合溶液或复合肥、增产素等，如尿素与磷酸二氢钾混合溶液或复合肥溶液。根茎类蔬菜（如萝卜、大蒜、土豆等）需磷钾肥较多，可选用过磷酸钙

浸出液、草木灰浸出液、磷酸二氢钾溶液、磷酸铵溶液等。

浓度及用量：前期宜淡，后期宜浓。尿素浓度为0.3%～0.5%，用量分别为70～140克/平方米；硝酸钾、硝酸铵、硫酸铵、硫酸钾浓度为0.2%～0.4%，用量为115～140克/平方米；磷酸二氢钾浓度为0.2%～0.3%，用量为70～85克/平方米；过磷酸钙浸出液浓度1%～3%，用量为70～140克/平方米；硼酸浓度0.03%～0.1%，用量为70～115克/平方米；草木灰浸出液，按每平方米栽种面积用20克草木灰加15克热水的用量，浸泡草木灰24小时，滤渣后再加70～108毫升水。

喷施时间及次数：选择无风的阴天或晴天傍晚进行，也可在早晨露水干后进行喷施，不宜在阳光强烈时进行。配制好的肥液不宜久留，应现配现用。一般每隔7～10天喷施1次，连续喷施3～4次。

6.浇水、施肥、松土的先后顺序

进行作物栽培时，到底是先浇水还是先施肥及松土？这三者的先后操作顺序直接影响作物的成活问题及健康状况。

一般先浇水再进行施肥，可以减少及避免肥料直接接触植株根部造成的烧伤现象。

松土一般在浇水前进行，先用小耙耙松土后，再向植株根系浇水，然后施肥；也可在浇过水后待土壤不黏时，用小耙松土。

松土　➡　浇水　➡　施肥

7.肥水或药液的配制

有时买回来的药剂需要自己配制成适宜的浓度，如何理解及配制它们的百分比浓度？

比如配制10%磷酸三钠溶液，是指用10份的磷酸三钠粉末对100份的水溶解后形成的溶液，也就是1：10的比例。米醋100倍液，是指用1份米醋对100份水搅匀后形成的溶液。0.5%尿素溶液，是指0.5份的尿素对100份的水搅匀后形成的溶液，即5：1000的比例。其余的肥水或药液浓度配制都与此相似。

六、无农药污染防治病虫害

家庭种菜，一般只要做足预防工作，病虫害发生概率便会很小。然而不同的季节仍有不同的病虫害发生，尤其是在高温、高湿的环境条件下。为了得到无污染的有机蔬菜，栽培过程中应尽量避免使用农药。如何做到无农药污染防治病虫害发生？

1.了解蔬菜常见的病虫害

通常，蔬菜常见的病害有叶枯病、病毒病、炭疽病、霜霉病、褐斑病、软腐病、白锈病、猝倒病、黄萎病、灰霉病、青枯病等，常见的虫害有潜叶蝇、粉虱、蓟马、蚜虫、菜青虫、小菜蛾、跳甲、菜螟、斑潜蝇、红蜘蛛、棉铃虫、茶黄螨、烟青虫、地蛆、钻心虫、地老虎、蝼蛄、蛴螬等。

2.栽种过程中病虫害的防治方法

栽种过程可参考本书中单个品种的介绍，里面详细讲述了无农药污染防治病虫害的栽种方法，包括药土配制、营养土消毒以及种子防病害处理、栽种灭菌、苗床病害管理等。

黄板

3.生长期病虫害的防治方法

要合理浇水施肥，避免忽大忽小；要控制好植株生长温度，促进植株健康生长；及时除草及拔除病弱苗，搞好植株生长环境的清洁工作。发现病株，应及时拔除并清理病残体，以免病害传播，生姜等容易长地蛆的品种还可在病株周围撒石灰消毒。

植株生长期，可在方形纸板上涂一层黄漆（纸板规格：单株或少量栽用30厘米×20厘米规格，多株或较大量栽种用60厘米×40厘米规格），再涂一层机油，挂在植株旁，可诱杀蚜虫、菜青虫、粉虱、茶黄螨、斑潜蝇、红蜘蛛、黄条跳甲、蓟马等。当黄板粘满害虫时，可在纸板上再涂一层机油，仍能继续使用。另外，如有条件，可在植株旁设置黑光灯，能诱杀大量菜青虫、小菜蛾、葱须鳞蛾、黄守瓜等成虫；用紫光灯可诱杀钻心虫等成虫；设置频振式杀虫灯能诱杀甜菜夜蛾、斜纹夜蛾、二十八星瓢虫（土豆）、小地老虎等。也可使用性诱剂诱杀菜蛾、斜纹夜蛾、甜菜夜蛾等。

还可使用防虫网，既可遮阴、保湿，又可将害虫拒之网外，如菜青虫、菜螟、小菜蛾、蚜虫、跳甲、甜菜夜蛾、美洲斑潜蝇、潜叶蝇、点蜂缘蝽、红脊长蝽、地蛆成虫、葱须鳞蛾、斜纹夜蛾等，防止这些害虫传播病毒，危害植株。播后使用防虫网覆盖，出苗后再用竹弓将网撑起。

毒诱饵

也可使用诱饵毒杀虫害。如用6份糖、2~3份醋、10份清水、适量敌百虫杀虫剂混匀制成糖醋液，可诱杀烟青虫、棉铃虫、地蛆、金针虫、蛴螬、黏虫、地老虎等；也可将糠麸、豆饼粉碎炒香，再拌入适量杀虫剂，可诱杀蝼蛄、地老虎等地下害虫。傍晚时将毒饵置于植株旁，连续放置15天左右。

喷施烟丝泡水

另外，蚜虫不喜欢银色，温度较低时播种可使用银色的地膜，也能起到驱避蚜虫的作用。

4.某些品种的特殊防治技巧

若小西红柿植株上出现小虫，应及时清除烂叶及烂果，并每隔15天喷施一次肥皂水或烟丝泡水。西红柿中富含的番茄红素可保护人体不受香烟中致癌毒素的侵害，因此，使用烟丝泡水既能毒杀害虫，又能做到环保及经济。

喷施葱蒜椒浸泡液

草莓常见的病虫害有蚜虫、红白蜘蛛等。可取葱、蒜、辣椒各50克，混合榨汁，再用纱布包好一起放进15千克的水中浸泡24小时，用浸泡液作喷雾喷施，可防治蚜虫、红白蜘蛛等。

香菜本身具有特殊气味，栽培过程中病虫害很少发生；而大蒜栽培期间气温一般较低，且植株抗性较强，所以病虫害出现概率也很小；芋头抗病性能强，栽培过程中也极少会遇上病虫害。这三大品种一般只要参照本书中相应的种植方法及日常管理方法去操作，基本可以做到无病虫害发生。

七、专业术语解释

阅读本书时，您可能会遇到一些平时不常听到或看到的专业术语，为了对本书有更透彻的理解，您可以先看看以下解释，或是看到有不懂的名词，再回过头来看看这里的解释。

腐熟基肥：基肥又叫底肥，施用于播种或移植之前，可以改良土壤、培肥地力。基肥一般以有机肥料为主，如猪、牛、鸡、鸭等的粪便，花生麸、草木灰、骨粉等。一些化肥，如磷肥过磷酸钙也常常与有机肥一起作为基肥。有机肥料要经过腐熟以后才能施用，因为粪便或鸡、鸭、鱼的内脏等施入土中，遇水会发酵而产生高温，导致烧伤根系，严重者可导致植株死亡。

底水：一般是指播种前浇灌的水，目的是让土壤保持最佳湿润状态，以满足种子萌发时吸水膨胀所需的水分，保证能够正常顺利出苗。浇水时，略有水从容器底部流出，少了不透，多了易把泥带走，所以要慢慢浇水，略有水流出即可。

催芽：凡是能引起芽生长、休眠芽发育和种子发芽，或促使这些发生的措施，均称为催芽。催芽是保证种子在吸足水分后，促使种子中的养分迅速分解转运，供给幼胚生长的重要措施。

中耕：作物生育期中利用工具在株行间进行的表土耕作。中耕可疏松表土，增加土壤通气性，提高土壤温度，促进好气微生物活动和养分有效化，去除杂草，促使根系伸展，调节土壤水分状况。

蹲苗：作物栽培中抑制幼苗茎叶徒长、促进根系发育的技术措施。其作用在于"锻炼"幼苗，促使植株生长健壮，提高后期抗逆、抗倒伏能力，协调营养生长和生殖生长。

缓苗：当植物苗经过移栽，环境改变之后，需要有个重新适应或者恢复的过程，这个过程就称之为缓苗。缓苗期间主要长根系，地上部分表现不明显，此时需保证阴凉、通风，不要追肥，该浇水的时候必须浇透。

摘心：即打顶。当预留的主干、基本枝、侧枝长到一定果穗数、叶片数（长度）时，将其顶端生长点摘除。摘心可控制加高和抽长生长，有利于加粗生长和加速果实发育。

拌种：在播种前将种子与农药、菌肥等进行拌和，目的是防止病虫害，提高作物产量。

间苗：又叫疏苗，即拔除弱、小、病及拥挤苗，从而保证留下的幼苗有足够的生长空间和营养面积。

新高脂膜粉剂：是一种保湿性粉剂，稀释使用后会自动扩散，形成一种保护膜紧贴植物体，既可防止植株水分蒸发，又可以保护植株免受病害侵染，也不影响植物透气透光，有"植物保健衣"的美称。常用于拌种、保持土壤湿润状态、隔离病虫害等。

腐熟有机肥：是指经过充分发酵的有机肥。未经腐熟的有机肥施入土壤后，会经过一段时间的发酵才能被作物吸收选用，这个过程会产生高温造成烧苗现象，也会释放氨气使植株生长不良，因此，有机肥一定要经过充分腐熟后才能施用。

有机肥包括堆肥、饼肥、沤肥、厩肥、沼气肥、绿肥、泥肥、纯天然矿物质肥等。

堆肥：指各种落叶、杂草、秸秆等动植物残体和（或）人畜粪便等按比例相互混合或与少量泥土混合进行好氧发酵腐熟而成的肥料。

饼肥：是指油料的种子经榨油后剩下的残渣，如豆饼、芝麻饼、花生饼、茶籽饼等，这些残渣可作肥料施用。

沤肥：是指制作堆肥的原料在淹水的条件下进行发酵而成的肥料。

厩肥：是指猪、牛、羊、鸡等畜禽的粪尿与秸秆等垫料在堆沤的条件下制作而成的肥料。

沼气肥：是指有机物在密封的沼气池中经过发酵腐解产生沼气后的副产物。

绿肥：是指用绿色植物体作肥料，如绿豆、蚕豆、苜蓿、苕子、满江红、水葫芦、水花生等。

泥肥：是指用未经污染的富含多种有机营养物质的泥作为肥料，如河泥、塘泥、沟泥等。

纯天然矿物质肥：是指钾矿粉、磷矿粉、氯化钙、天然硫酸钾镁肥等没有经过化学加工的天然矿物质肥料。

氮磷钾完全肥料：是指富含氮、磷、钾元素，同时含有植物所需要的各种主要营养元素的肥料。

草木灰：是植物燃烧后的残余物，几乎含有植物所含的所有矿质元素。是农村普遍使用的消毒原料，其灰质呈碱性，杀灭病原菌及病毒的作用效果与强效消毒药烧碱相似。施用草木灰可杀死地下病虫与病菌，保护种子、根、茎，减少立枯病、炭疽病等多种病虫害。用草木灰配合有机肥作底肥或在配制营养土时掺入5%～20%的草木灰，不仅可以减轻病虫害，还可增加底肥和营养土的有效养分，促进植株根系生长。

草木灰作种肥、基肥时，应与种子隔离，以防烧种；不能与酸性肥料、农药混用；叶面喷施草木灰浸出液时应过滤澄清后使用，以免污染叶、花、果等。另外，草木灰不能与有机农家肥（如动物粪尿、厩肥、堆沤肥等）、铵态氮肥混合施用，否则会造成氮素挥发损失；也不能与磷肥混合施用，会造成磷素固定，降低磷肥肥效。

菜园土：又称为园土、田园土，因经常施肥耕作，肥力较高、团粒结构好，是配制培养土的主要原料之一。缺点是干时表层易板结，湿时通气透水性差，不能单独使用。

定根水：种菜、栽花后的最后一道工序是浇水，俗称浇定根水。定根水十分重要，浇好定根水，植物生长快，抗病力强，对后期生长十分有利。

腐叶土：又称为腐殖土，是植物枝叶在土壤中经过微生物分解发酵后形成的营养土，在分解发酵过程中产生的高温能杀死其中的病菌、虫卵和杂草种子等，能减少病虫、杂草等危害。

石灰水：石灰水具有一定的杀菌、杀虫作用，可杀死土壤中的真菌、细菌及害虫。另外，害虫一般都喜欢黑色、肮脏的地方，而不喜欢白色、干净的地方，在植株根部淋施白色的石灰水，害虫就不敢侵扰植株。通常定植前用1%石灰水作定根水，成活后可继续用其淋施植株根部1～2次，能减少病虫害发生。

氮磷钾复合肥：是指氮、磷、钾三种养分都含有的用化学方法制成的化学复混肥料，也称为三元复合肥，如磷酸一铵、磷酸二铵、磷酸二氢钾等。

硫酸钾复合肥：是一种用化学方法制成的化学复混肥料，也是很好的水溶性钾肥。是优质氮、磷、钾三元复合肥的主要原料，可用作种肥和根外追肥。

封行：通俗来讲，是指作物长到一定程度，叶面积增大，把地面全部覆盖，以至从表面看不到行间及穴间的地面，因此，又称为封垄。

复合肥：是指在一种化肥中含有氮、磷、钾三种元素中的两种或两种以上的肥料；含有两种元素的复合肥料称为二元复合肥，含有三种元素的肥料称为三元复合肥。常用的复合肥有磷酸一铵、磷酸二铵、磷酸二氢钾等。

复合肥又分为复合肥和混成复合肥，而混成复合肥是指由两种或几种盐按一定比例混合而成的混合物。

蹲苗：是指作物栽培过程中，抑制幼苗茎叶徒长、促进根系发育的技术措施。多采用控制苗期肥水，使植株节间粗短壮实、根系发达，后期生长变得更健壮，抗病能力增强。

摘心：亦称打顶、打头，即把植株顶部摘除，是促进侧枝生长、植株调整的重要措施。进行过摘心的茄子，比没有摘心的茄子采收期要提前5～6天，而且单果能增重

2.7%左右。一般在植株三级侧枝坐果后进行，摘心时应将果实或花序以上的侧枝留2片叶，以促进果实生长及发育。宜在晴天上午进行，以利于伤口愈合，减少病原菌侵染。摘心时用手将植株生长点掐去，再及时追施硫酸铵等速效肥料，以促进分枝。

培土：又称补土或壅土，是指在作物生长期间，把行间或株间的土垒在作物根颈的周围，能防止植株倒伏，促进作物根部发育等。

生物有机肥：是指特定功能微生物，与主要以动植物残体（如动物粪便、落叶、枯枝等）为来源并经过无害化处理、腐熟的有机物料，这两者复合而成的肥料。它具有微生物肥料和有机肥两者的效应，其中功能菌和有机质能改良土壤，促进出土壤中的养分释放，利于作物吸收。

复混肥料：指由几种单质肥料或单质肥料与复合肥料混合而成的肥料。

单质肥料：又叫单元肥料，指在植物主需的氮、磷、钾这三种营养元素中只含有一种可标明含量的肥料。如氮肥、磷肥、钾肥；在硫酸铵肥料中含氮元素及硫元素，但标明含量的只有氮元素，所以硫酸铵也属于单质氮肥。

分蘖：禾本科植物在地面以下或接近地面处发生分枝。

商品有机肥：是指生产厂商经过生物（即细菌、真菌或原生动物）的代谢作用处理过的有机肥，其病虫害及杂草种子等经过高温作用基本死亡。

PART2 栽培方法

一、叶类蔬菜

茼蒿

又名蓬蒿、蒿菜、菊花菜等，其营养丰富，尤其胡萝卜素的含量超过一般蔬菜，是黄瓜、茄子含量的1.5～30倍，有"天然保健品，植物营养素"的美称。其根、茎、叶、花还可作药用，有清血、养心、降压、润肺、清痰等多种功效，常食可达到通便利肠、清肺补肝、消除水肿、降血压及补脑等多种功效。

在欧洲国家，茼蒿还常作为花坛花卉种植，其芬芳的气味既可以驱赶蚊虫，又有助于安神养心、稳定情绪。

种植季节

普遍在春、秋、冬季播种，一般春播在3—4月，秋播在8—9月，冬播在11月至第二年的2月。如果在阳台上实行拱棚保护，也可全年播种。

播种后一般40～50天便可收获，温度低时延长至60～70天收获。

生长条件

茼蒿属半耐寒性蔬菜，喜欢冷凉湿润的气候条件。不耐高温，在冷凉温和、土壤相对湿度保持在70%～80%的环境下易于生长；生长适温在20℃左右，在12℃以下生长缓慢，29℃以上则生长不良。

其生长对光照要求不严，一般以较弱光照为佳。在长日照条件下，很快便进入生殖生长而开花结籽，因此，适宜安排在较短日照环境下种植。

需要的材料及工具

1. 材料

腐熟基肥（可用磷肥和钾肥作基肥，一般用量2～3千克/平方米），磷酸二铵（28～36克/平方米），新高脂膜粉剂，一盆50～55℃的热水，土壤（选择土层深厚、疏松湿润、保水保肥力良好的中性或微酸性壤土或沙壤土为宜）。

2. 工具

水壶，园艺铲，小耙，容器（茼蒿在营养生长期茎高可达20～30厘米，故宜选择长、

大叶茼蒿

小叶茼蒿

茼蒿种子

宽、高均不低于20厘米的方形容器）。

选择种子

依叶片大小分为大叶茼蒿和小叶茼蒿。大叶茼蒿又称为板叶茼蒿或圆叶茼蒿，叶宽大而厚、缺刻（叶子边缘上的凹陷）少而浅，嫩枝短而粗，纤维少、品质好、产量高，但成熟较迟，是较为普遍的栽培品种。小叶茼蒿又称为花叶茼蒿或细叶茼蒿，叶狭小而薄、缺刻多而深，香味浓、嫩枝细、生长快，但成熟较早、产量低、品质差，较耐寒，主要用于大棚栽培。阳台栽培时，宜选择抗寒性强的"北京茼蒿"为最好。

种植方法

1. 催芽育苗

茼蒿种子可直播，但播种前作一番处理，则能加快出苗、提高产量。

可在播种前3～4天将种子用50～55℃热水烫种15分钟，其间不断搅动直至水温降低到30℃再继续浸泡12～20小时，然后置于25℃条件下进行催芽直至种子露白。播种前用新高脂膜粉剂拌种，可形成保护膜，驱避地下病虫。

50～55℃热水
烫种15分钟

继续浸泡12～20小时

新高脂膜粉剂拌种

2. 整理苗床

将备好的腐熟基肥、磷酸二铵及土壤拌匀后装入容器，距离盆沿3～4厘米，耙松理平。

播种前浇透水，并喷洒新高脂膜粉剂溶液，可隔离病虫源、防止水分蒸发、土层板结。

距离盆沿3～4厘米

3. 播种方法

主要采取撒播或条播，撒播的按2～3克/平方米的用量将种子均匀地撒播于苗床上；条播则按10厘米间距划沟，将种子均匀地撒于沟内。播后及时覆盖约1厘米厚度的细土。

条播沟距10厘米   播后覆盖1厘米厚细土

日常管理

1. 温度控制

天气较冷凉时，如早春播种，需覆盖塑料薄膜，四周用土压实，待天气转暖、幼苗出土顶膜前，再揭开薄膜，可起到防寒保温的作用。气温较高时，如夏、秋季播种，应用遮阴网、遮阴膜等遮护，以保持土壤湿润。当种植容器内的温度超过25℃时，应打开遮护物，并置于通风口通风。

盖塑料薄膜   盖遮阴网

2. 间苗除草

当苗长至10厘米左右时，应进行间苗，即按株行距3～5厘米将过密及病弱苗拔除，同时用园艺铲铲除杂草。

3. 浇水施肥

幼苗出土后应开始浇水，浇水时间和次数可灵活掌握，以保持土表湿润为准。

采收前10～15天应追施一次速效氮肥，按20克/平方米用量施用硝酸钾，并按10克/平方米用量施加尿素，施用时混入适量水进行撒施，以不积水为佳。

留苗距3～5厘米

采收方法

当苗长至18～20厘米高时，贴地面一次性割收；收获不宜太晚，以免影响品质。

菠菜

菠菜又称为菠薐、波斯草，因富含维生素和矿物质等多种营养成分，故被称为"营养的宝库"。其所含的大量维生素和膳食纤维能促进人体新陈代谢，排除体内毒素，起到排毒美肤、延缓衰老等作用；其富含的维生素C和叶酸，能增强人体对铁元素的吸收力，是缺铁性贫血患者的理想蔬菜。

种植季节

四季均可播种，但秋、冬季栽培的品质较好。

春菠菜在春节过后气温5℃以上即可播种（大多在3月播种），播后30～50天采收；夏菠菜一般在5—7月分期播种，6—9月陆续采收；秋菠菜8—9月播种，播后30～40天采收；冬菠菜10月中旬至11月上旬播种，春节前后分批采收。

生长条件

菠菜喜冷凉环境，怕高温，能耐–8℃的低温，生长最适宜温度为15～25℃，20℃以上仍可生长，但生长缓慢。

喜充足阳光，但不耐曝晒，每天光照时间超过12小时易开花，故春、夏季应注意遮阴。

需要的材料及工具

1. 材料

腐熟基肥（用腐熟有机肥作基肥，一般用量5.7千克/平方米），过磷酸钙（57克/平方米），一盆清水（或用过氧化氢溶液及湿布、百菌清水溶液），草木灰，塑料薄膜，土壤（选择疏松肥沃、保水保肥、排灌条件良好的微酸性壤土最好）。

2. 工具

水壶，细孔喷壶，园艺铲，小耙，容器（最好选择长、宽、高均不低于30厘米的方形容器）。

选择种子

菠菜按叶子形状分为尖叶菠菜和圆叶菠菜两类。尖叶菠菜又叫中国菠菜、冬菠菜，口感较好，耐寒力较强、耐热力稍弱，适合秋、冬季栽培。

尖叶菠菜

圆叶菠菜

按栽培季节又分为春菠菜、夏菠菜、秋菠菜、冬菠菜。春菠菜宜选开花迟、叶片肥大的品种，如春秋大叶、沈阳圆叶、迟圆叶菠、辽宁圆叶等品种；夏菠菜宜选耐热性强、生长迅速且不易过早开花的品种，如春秋大叶、广东圆叶等品种；秋菠菜宜选择耐热性强、生长较快的早熟品种，如犁头菠、华菠1号等；冬菠菜宜选择耐寒性强、开花迟的中、晚熟品种，如圆叶菠、迟圆叶菠等。

菠菜种子

宜选择果粒饱满的种子，剔除杂物和不饱满的种子。

种植方法

1. 种子处理

方法1：过氧化氢溶液浸种

过氧化氢水溶液
浸种后捞出冲洗

菠菜的种子表皮附着一层胶质，按常规播种出苗慢且不整齐，因此，可选择晴天在太阳下将种子曝晒4～6小时，再用过氧化氢溶液按1：4比例对水配制成20%～25%的过氧化氢水溶液。将种子倒入溶液中并不停搅拌，使种子均匀吸水。气温低于20℃时浸种100～120分钟，气温20～30℃时浸种60～90分钟，气温在30℃以上时浸种30～50分钟。

放阴暗处催芽

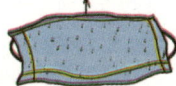

将浸泡后的种子从溶液中捞出，并用清水冲洗3～4次。滤干水后用湿布覆盖置于阴暗处催芽，一般5～6天即可露白播种。

注：采用过氧化氢溶液浸种可提高出苗率，但要用百菌清水溶液对浸种催芽处理过的种子进行灭菌处理，灭菌处理后应及时播种并覆土1～1.5厘米，再覆盖地膜，待10%～15%的幼苗出土时揭去薄膜。

方法2：清水浸泡

清水浸泡12小时

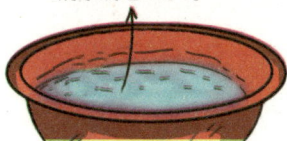

冬、春菠菜可播干种子或湿种子；夏、秋菠菜播种前1周用水浸泡12小时后置于4℃左右冰箱或冷藏柜中处理24小时，再置于20～25℃的条件下催芽，3～5天种子露白后即可播种。

2. 整理苗床

距离盆沿3～4厘米

将备好的腐熟有机肥、过磷酸钙及土壤拌匀后装入容器内，距离盆沿3～4厘米，并把松理平。

3. 播种方法

播后盖1～2厘米厚土

菠菜一般采用直播，以撒播为主。播种前先给土壤浇透水，用小耙轻耙表土，把种子撒播入土，覆土1～2厘米，稍压实，再盖一层薄薄的草木灰。撒播时一般按7～10克/平方米的用量播种；秋菠菜播种量不宜过大，一般按5～7克/平方米的用量播种。

日常管理

1. 温度控制

盖遮阴网

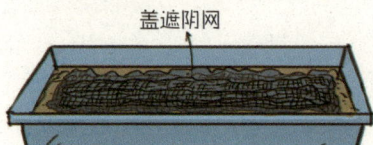

夏、秋季播种后应覆盖遮阴网，防止高温和暴雨冲刷；冬播气温低时，应覆盖塑料薄膜或遮阴网保温促苗，出苗后再揭除。

2. 浇水施肥

播种后大约1周后发芽，发芽前若表土干燥可用细孔喷壶以喷雾的方式浇水，使土表保持湿润。出芽后幼苗生长较慢，2片真叶后生长速度加快，一般每隔3～4天浇一次水，以土表见干见湿为宜。生长期需要充足水分，一般每隔1～2天浇水一次，高温时应据情况每天早晚各浇水一次。

第一次间苗后应及时喷施一次稀薄的腐熟有机肥。叶片生长旺盛期，应据生长情况追施腐熟有机肥（需要氮磷钾完全肥料）以促进生长。一般按10～14克/平方米的用量混入适量水施用。生长前期及高温时应施薄肥，生长后期及低温时可适当加大肥料浓度。

3. 间苗除草

留苗距3～4厘米

出苗后3～4片真叶时间苗一次，4～5片真叶时若苗密度较大可再间苗一次，将较大及病弱苗拔出，让较小的健康的苗继续生长。间苗苗距一般3～4厘米，间苗时顺便铲除杂草。

采收方法

苗高10厘米以上即可开始间苗采收较拥挤的植株，一般每隔20天左右间拔一次；苗高不宜超过30厘米，以免影响食用品质。

油白菜

油白菜又叫不结球白菜、青菜、小白菜等。据测定，油白菜是蔬菜中含矿物质和维生素最丰富的蔬菜，其中钙的含量几乎等于大白菜的2~3倍。富含胡萝卜素（比豆类、西红柿、瓜类都多），以及大量维生素C和磷、钙、钠等微量元素，常吃可预防乳腺癌，促进皮肤细胞代谢，防止皮肤粗糙及色素沉着，增强机体免疫能力，延缓衰老等。

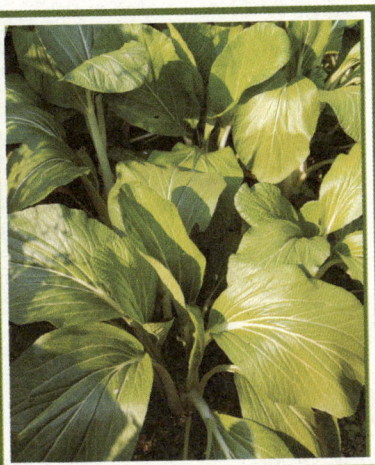

种植季节

南方全年都可种植，但夏季温度较高不易生长，以春、秋季播种最佳。北方多在春、夏、秋季实行播种。

一般播种后20~40天后即可进行采收。

生长条件

油白菜性喜冷凉，不耐热，有些品种较耐寒。发芽适温为20~25℃，生长适温为15~20℃，25℃以上生长不良、易老化。

喜光，阳光充足利于生长；光照过弱会引起徒长，导致植株生长过细、叶片窄小。

需要的材料及工具

菜园土6份

腐熟有机肥3份

腐叶土1份

1. 材料

菜园土（以疏松、透气、保水保肥良好的沙质土壤为好），腐叶土，腐熟有机肥，1%石灰水，一盆50~55℃的热水。

营养土配制方法：用菜园土、腐叶土、腐熟有机肥按6：1：3的比例混匀，配制成营养土备用。

2. 工具

水壶，细孔喷壶，园艺铲，小耙，容器（可依据栽种数量选择高度在20厘米以上的方形容器）。

选择种子

一般油白菜的品种都可用来盆栽，依叶柄色泽不同分为白梗和青梗两种类型。

白梗油白菜

青梗油白菜

油白菜种子

种植方法

50～55℃热水烫种15分钟

继续烫种12～20小时

1. 种子处理

将种子倒入50～55℃的热水中烫种15分钟，其间不停搅拌直至水温降至30℃再继续浸泡6～8小时。

2. 整理苗床

将配制好的营养土装入容器内（至盆沿3～4厘米为宜），耙匀整平，浇透底水。

距离盆沿3～4厘米

3. 播种育苗

油白菜可直接播种，也可育苗移栽，植株矮小者多行直播。

（1）播种方法

将浸泡好的种子均匀地撒在容器内的营养土表面，再覆盖一层1厘米厚的营养土。

播后覆盖1厘米厚营养土

（2）苗床管理

萌芽前若表土干燥，可用细孔喷壶以喷雾的方式浇水，使土表保持湿润。萌芽后每隔3～4天浇一次水。

一般播种后约3天即可见萌芽，6～7天长出1～2片真叶，此时可进行第一次间苗，将病弱苗拔除，留下健壮苗继续生长；长出3片真叶时进行第二次间苗。间苗时结合铲除杂草。

需要进行移栽的，可在幼苗长出4片真叶时进行。不移栽的，可在植株根部喷施1%石灰水，每隔10天喷施一次，连续喷施两次，减少地下病虫害的发生。

4. 移栽定植

step1 将容器装入营养土（至盆沿3～4厘米为宜），种植单株的在中间挖5～7厘米深的穴，种植多株的间隔10厘米挖5～7厘米深的穴。

穴深5～7厘米　　　距离盆沿3～4厘米

step2 用园艺铲在小苗根系周围5厘米的位置将小苗带土挖出，栽入备好的容器中已经挖好的洞穴。栽植时将根系垂直，让其舒展在穴内，并将植株扶正，把根系埋好；再及时浇足定根水（用1%石灰水作定根水）。

距根系5厘米

日常管理

1. 温度控制

移栽后缓苗前应注意保湿、保温，尤其是夏、秋季应覆盖遮阴网，防止高温和暴雨冲刷；4～5天后逐渐见阳光即可缓苗，再揭除覆盖物。

2. 浇水施肥

移栽成活或定苗后要结合浇水及时追施一次肥，以后每隔10～15天再追施一次，按20～28克/平方米用量追施尿素。

生长盛期，夏天每天早晚各浇一次水，春、秋季每2天浇一次水，不宜在中午浇水，以免伤根。浇水时配合追肥2～3次，每隔10～15天追肥一次，以氮磷钾复合肥为宜（40～50克/平方米，氮、磷、钾按1∶0.5∶1比例为宜）。

3. 中耕松土

浇过水后待水渗入土壤不黏时，适当用小耙轻轻松土。

采收方法

油菜采收无严格标准，一般春、夏季栽培的20～30天就能收获，秋、冬季栽培的则要延长到40～80天收获。采收时可从较大植株开始，整株连根拔起即可。

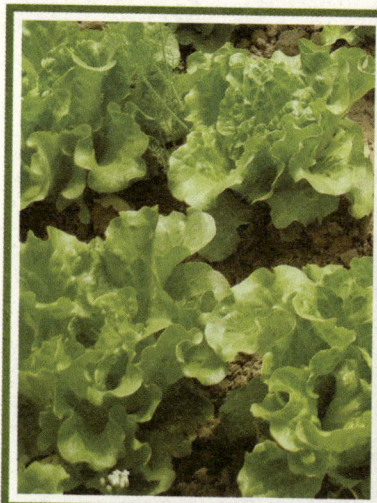

生菜

生菜被誉为"蔬菜皇后"，是栽培过程中不用农药也可生长良好的蔬菜品种。富含各种维生素和微量元素等，其中所含的甘露醇等有效成分，有利尿和促进血液循环的作用，常食有利于保持苗条的身材。生菜的茎叶中还含有莴苣素，可镇痛、催眠、降低胆固醇；所含的"干扰素诱生剂"，可刺激人体产生"抗病毒蛋白"，有抑制病毒的功效。

种植季节

最适合春、秋季种植；南方如广东地区全年可种植，北方也可在室内或阳台上拱棚保温条件下实行全年种植。春季一般于2—4月播种，5—6月收获；秋季一般于7月下旬至8月下旬播种，10—11月收获。

生长条件

生菜性喜冷凉环境，忌高温、忌涝，对土壤适应性广。发芽适温为15~20℃，高于25℃种皮吸水受阻，发芽不良。生长适温为15~20℃，结球适温为10~16℃，超过25℃，叶球内部会引起心叶坏死腐烂。

喜充足阳光和水分，生长期若光线不足易使结球生菜不整齐或结球松。

定植后，一般40~70天可以采收。

需要的材料及工具

1. 材料

腐熟有机肥（用氮磷钾完全肥料，一般用量2~3千克/平方米），50%多菌灵可湿性粉剂与等量的50%福美双可湿性粉剂，土壤（生菜根系分布浅，吸收能力弱，且对氧气的要求较高，选择有机质含量高、疏松肥沃的土壤或沙壤土最好）。

药土配制方法：用50%多菌灵可湿性粉剂与50%福美双可湿性粉剂按1:1混合，按8~10克/平方米的用量与15~30千克/平方米的细土混匀，配制成药土备用。

2. 工具

水壶，园艺铲，小耙，湿布，容器（可依栽种数量选择深度在20厘米以上的有孔容器）。

选择种子

散叶生菜

结球生菜

生菜按叶片色泽分为绿生菜和紫生菜两种，按叶的生长状态又分为散叶生菜和结球生菜两种。

春、夏季多播种散叶生菜，秋、冬季多播种

生菜种子

结球生菜。以无损伤、无菌核、颗粒饱满的种子为佳。

种植方法

1. 种子处理

通常育苗移栽，气温低于25℃时可直接播种；气温高于25℃时发芽率偏低，播种前需进行低温催芽。**方法**：将种子浸泡于清水中约6小时，捞出后用湿布包好，置于5℃左右的冰箱或冷藏室进行催芽，大约24小时后种子有3/4露白即可播种。

清水浸泡约6小时

2. 整理苗床

将备好的腐熟有机肥与土壤拌匀后装入容器内，至盆沿3～4厘米，并把松理平。取1/3药土均匀地撒于土壤表面，并浇透底水。

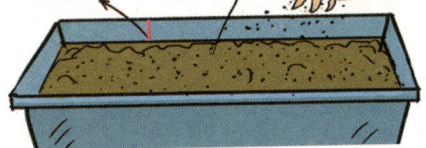
先装肥与土至盆沿
3～4厘米　　再撒1/3药土

3. 播种育苗

（1）播种方法

生菜种子太小太轻，可将生菜种子掺入少量细土混匀，均匀地撒播于药土上，再用剩余的药土覆盖种子约0.5厘米厚。

种子掺细土

播后覆盖0.5厘米厚药土

（2）苗床管理

冬季播种应盖薄膜增温、保湿。夏季播种后应覆盖遮阴网降温、保湿，使苗床温度尽量保持在15～20℃，适当放风、炼苗，控制幼苗徒长。

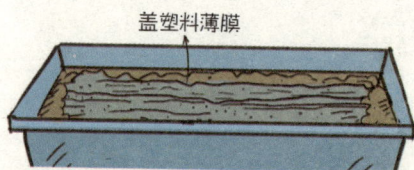

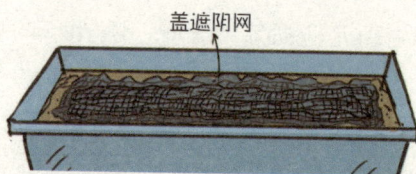

盖塑料薄膜

盖遮阴网

在15～20℃时3～5天便可发芽。苗期忌干旱，也不宜浇水过多，过干或过湿会造成苗老化或烂苗，以保持土表湿润为宜。

幼苗长出2～3片真叶时进行间苗（间苗株距5～8厘米），结合除草拔除病弱苗；长出5～6片真叶时可进行移栽。

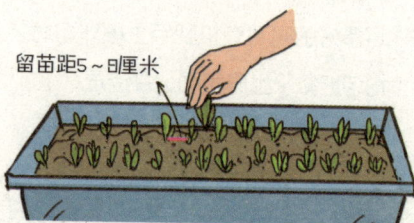

留苗距5～8厘米

4. 移栽定植

step1 使用有孔容器，洗净，盆底垫上瓦片或填塞尼龙纱，再装入土壤（距盆沿3～4厘米为宜）。种植单株的，在中间挖5～7厘米深的穴；种植多株的，散叶生菜间隔15厘米挖穴，结球生菜间隔30厘米挖穴。

step2 先给苗床浇水，待土松软后再用园艺铲在小苗

距盆沿3～4厘米

穴深5～7厘米

根系周围将小苗带土挖出，栽入备好的容器中已经挖好的洞穴。栽植时将根系垂直，让其舒展在穴内，并将植株扶正，把根系全部埋入土中并稍压实，及时浇透水。

日常管理

1. 温度控制

移栽后，夏季温度较高时应先放在阴凉处缓苗，1周左右苗根站稳后，再接受正常太阳光照。

2. 浇水施肥

生长前期适当控水，叶片生长旺盛期需水量较大，宜小水勤浇，采收前10天停止浇水。结球生菜结球期需水量较大，水分不足结球少且味苦，后期水分过多则易开裂且易诱发软腐病。

定植后1周，喷施一次以氮肥为主的腐熟有机肥（按20克/平方米用量），定植2周及1个月后，再各喷施一次腐熟有机肥（用氮磷钾复合肥，按40～50克/平方米，氮、磷、钾按1：0.5：1比例为宜）。生菜生长期需氮肥最多，磷、钾肥也不能少，否则叶片稀少、植株矮小，影响产量，因此，视植株生长状况，可适当增加施肥次数。采收前10天应停止施肥，以免引起腐烂或裂球。

采收方法

散叶生菜可根据需要随时采收，而结球生菜若主茎快速拔高，植株往往老化而不适合食用。结球生菜叶球形成后，用手轻压有实感即可采收。

采收时，将充分长大的植株直接从土中拔出即可。

花菜

又名花椰菜、甘蓝花、洋花菜、球花甘蓝等，有白色和绿色品种，绿色的叫西兰花、青花菜；白色和绿色花菜营养功效相同，但绿花菜比白花菜胡萝卜素含量更高。花菜维生素C含量极高，且食用后极容易消化吸收，不但利于生长发育，更能提高人体免疫功能，是儿童最佳的营养蔬菜之一。

种植季节

早熟品种一般6月下旬至7月播种，11月收获；中熟品种一般8—9月播种，第二年3月上旬采收；晚熟品种一般10—12月播种，第二年4月收获。

生长条件

花菜喜凉爽、湿润的环境，既不耐涝，也不耐旱。发芽适温为22～25℃，生长适温为15～25℃，莲座期叶丛生长与抽薹开花适温为20～25℃，花球生长适温为18～22℃。

喜充足光照，也耐稍阴的环境，在充足光照下利于营养面积的扩大及营养物质的合成及积累，能促进花球肥大。

需要的材料及工具

1. 材料

腐熟有机肥（用饼肥、堆肥、绿肥、纯天然矿物质肥等，一般用量2～3千克/平方米），五氯硝基苯与代森锌，一盆30～40℃的温水，菜园土（选择有机质含量高、土层深厚的沙壤土最好）。

苗床土配制方法：将腐熟的有机肥与菜园土按4：6的比例混匀，配制成苗床土备用。

2. 工具

水壶，园艺铲，小耙，容器（花菜根群主要分布在30厘米的土层内，但横向伸长可达70厘米，故可依栽种数量选择长、宽、高均30厘米以上的有孔容器）。

选择种子

按花球颜色通常分为白花菜和绿花菜两种，按生育期长短又分为早熟品种、中熟品种和晚熟品种。早熟品种苗期28天左右，定植后40~60天采收；中熟品种苗期大约30天，定植后80天左右采收；晚熟品种苗期30天左右，定植后100~120天才能采收。

应选择籽粒圆整饱满、大小一致、有光泽、无杂质的种子。

白花菜

绿花菜

种植方法

1. 种子处理

花菜根系发达，再生能力强，适宜育苗移栽。播种前先将种子放在30~40℃的

30~40℃温水浸泡15分钟

继续浸泡5小时

温水中浸泡15分钟，捞除瘪籽，继续浸泡5小时。捞出并用清水洗净后，置于25℃条件下保湿催芽。每隔6小时用25℃温水淘洗一次，并将种子上下翻动，使其温度、湿度均匀。2~3天种子即可出芽。

2. 整理苗床

用容器盛土（距盆沿8~9厘米为宜），耙匀整平，做好苗

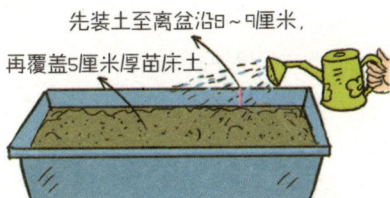

先装土至离盆沿8~9厘米，再覆盖5厘米厚苗床土

撒盖一层药土

床。先将备好的苗床土均匀地铺在苗床上，厚约5厘米，浇透底水，再将备好的药土按10千克/平方米的用量均匀地撒盖一层。

3. 播种育苗

（1）播种方法

按10克/平方米的用量均匀地撒播种子，播后再按5千克/平方米的用量用药土覆盖苗床，再铺上一层0.5厘米厚的苗床土，最后浇水以使土表湿润。

播后先覆盖一层药土，再覆盖0.5厘米厚苗床土

（2）苗床管理

夏、秋季播种，应用遮阴网覆盖育苗。出苗期尽量设法将苗床降温至20℃左右，出苗后苗床温度降至18℃左右。

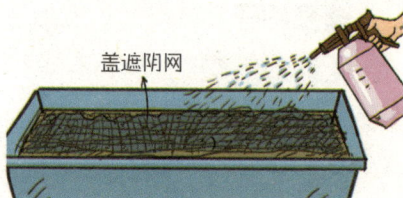

盖遮阴网

播种后如苗床底水充足，出苗前可不再浇水，夏、秋季温度过高时可据情况在遮阴网上喷水降温。出苗后若苗床底水不足，可在早上或傍晚一次性浇足水分，并浅覆细土保墒。

留苗距7～10厘米

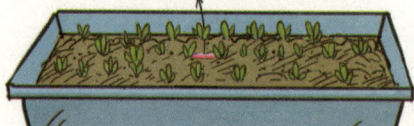

幼苗长出2～3片真叶时，按大小分级进行分苗及间苗，幼苗间留距7～10厘米，并及时铲除杂草。植株长出4～5片叶时结合浇水酌情施一次氮肥，按20克/平方米用量施用硝酸钾。

早熟品种长出5～6片真叶时可移栽定植，中、晚熟品种长出7～8片真叶时进行移栽定植。

4. 移栽定植

距盆沿3～4厘米
穴深5～7厘米

step1 选择有孔容器，洗净，盆底垫上瓦片或填塞尼龙纱，再装入菜园土（至盆沿3～4厘米为宜）。种植单株的在中间挖5～7厘米深的穴，种植多株的间隔40厘米挖穴。

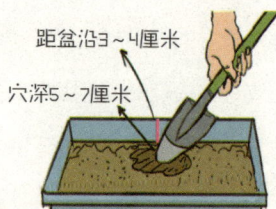

step2 用水淋透苗床，待土变松软时用园艺铲在小苗根系周围将小苗带土挖出，栽入备好的容器中已经挖好的洞穴。栽植时将根系垂直，让其舒展在穴内，并将植株扶正，用剩余的苗床土填穴覆根，并稍压实，最后淋足定根水。

日常管理

1. 温度控制

移栽定植后缓苗期苗床温度提高到18～20℃，缓苗后逐渐通风，并适当降低温度，以免高温高湿环境造成幼苗徒长，形成高脚苗，影响产量。

2. 浇水施肥

移栽定植成活后，结合浇水追施一次氮肥，按20克/平方米用量施用硝酸钾。植株长出

4～5片叶时再结合浇水酌情轻施一次氮肥。开始现蕾期，应进行第三次追肥，按40克/平方米的用量施用硫酸钾复合肥；结合根处喷施1%硼肥1～2次，每隔5～7天喷施一次，可预防花球茎空心。

雨季及灌溉时应注意及时排除积水，以免引起花球或根部腐烂。

3. 中耕除草

移栽成活后，应进行一次中耕，用小耙轻轻松土，并铲除杂草，以减少病虫害发生。

4. 摘除多余侧枝

追肥时应摘除植株上多余的侧枝，可控制植株徒长，减少养分消耗，确保主花球产量。

5. 花球束叶

阳光直射常使花球颜色变黄，降低产品质量，因此，在花球生长过程中需束叶或遮盖。

采收方法

花菜收获过早，花球未完全发育，影响产量；收获过迟，花球松开、花蕾粗散，影响质量。应在花球充分肥大、边缘尚未散开变黄之前及时收获，采收时在花球基部的花茎7～8厘米处割下，花球下面应留3～4片绿叶，以保护其不受污染。

7～8厘米处

包菜

又叫结球甘蓝、卷心菜、洋白菜、疙瘩白、莲花白等，在北京又叫圆白菜，南方多称包菜。其维生素含量比西红柿高3倍，因此具有抗氧化及抗衰老作用，常食可防止皮肤色素沉淀，减少雀斑及延缓老年斑的出现。富含维生素C、维生素E、维生素U、吲哚类化合物、叶酸、萝卜硫素等。其中所含的维生素U能加速溃疡愈合；所含的吲哚类化合物具有抗癌作用，常食可避免罹患肠癌；所含的叶酸属于B族维生素的复合体，对巨幼细胞贫血和胎儿畸形有很好的预防作用；所含的萝卜硫素是迄今为止所发现的蔬菜中最强的抗癌成分。另外，包菜营养丰富，所含的热量和脂肪却极低，是减肥的理想蔬菜。

种植季节

普遍实行春、夏、秋三季栽培；东北、西北、华北的高寒地区，多于春、夏季栽培。春播多于2—4月实行，夏播多于5—7月实行，秋播多于8—9月实行。

一般苗龄20～30天，移栽后100～120天收获。

生长条件

包菜性喜冷凉气候，种子发芽最适宜温度为25℃左右，生长适温为15～20℃，莲座期适温为20～25℃，结球期适温为15～20℃。

喜光但不耐热也不耐涝。充足光照利于营养面积的扩大及营养物质的合成及积累，能促进结球肥大；若光照不足，幼苗期易形成高脚苗，莲座期基部叶萎黄、结球推迟。

需要的材料及工具

1. 材料

腐熟有机肥（用固体碘有机肥，一般用量12～150毫克/平方米），40～45℃的350～400倍高锰酸钾溶液，草木灰，土壤（宜选择疏松肥沃的沙壤土或壤土、轻黏土）。

2. 工具

水壶，细孔喷壶，园艺铲，小耙，湿布，容器（可依栽种数量选择深度在30厘米以上的有孔容器）。

选择种子

依叶球形状及成熟期的迟早，分为尖头、圆头、平头、杂交四大品种。

尖头包菜：叶球顶部尖似心脏形，从定植到收获需50～70天，多为早熟和早中熟品种。

圆头包菜：叶球圆形，外叶少，叶球紧实，从定植到收获需50～70天，多为早熟和早中熟品种。

平头包菜：叶球扁圆形，从定植到收获需70～100天，多为中熟或晚熟品种。

杂交包菜：品质好，抗性强，日本及欧美国家广泛适用。

应选择无损伤、颗粒饱满的种子。

尖头包菜

圆头包菜

种植方法

1. 种子处理

40～45℃高锰酸钾溶液浸泡4～5小时

播种前将种子曝晒2～3天，可提高发芽率。将晒后的种子用40～45℃的350～400倍高锰酸钾溶液浸泡4～5小时，其间不停搅拌至温度降至30℃，可防止苗期出现霜霉病、黑胫病。将浸泡后的种子捞出滤干，用湿布包好（包裹3层），置于20～25℃环境下催芽。种子发芽后，温度要降至18℃左右，约3天后胚根长到0.3厘米左右时即可播种。

2. 整理苗床

将备好的腐熟有机肥与土壤拌匀后装入容器，距离盆沿3～4厘米，并耙松理平，浇透底水。

距离盆沿3～4厘米

3. 播种育苗

包菜一般采取育苗后移栽定植，多采用撒播。

（1）播种方法

将催芽后的种子按3～4克/平方米的用量均匀地撒播在苗床上，再浅覆一层草木灰（以不露籽为宜），用细孔喷壶喷洒水，使土壤保持湿润。

播后浅覆一层草木灰

（2）苗床管理

根据季节及气温状况，播种后可覆薄膜保湿保温，高温时可用遮阴网遮护，以利出苗。苗出齐后，应及时揭除覆盖物，以免长时间覆盖出现高脚苗，影响产量。

盖塑料薄膜   盖遮阴网

苗期应根据苗床状况进行浇水，以土表见干见湿为宜。幼苗长出1～2片真叶时应进行间苗，将病弱苗、徒长苗、拥挤苗拔除。当苗长出5～6片真叶时，可进行移栽定植。

4. 移栽定植

step1 选择有孔容器，洗净，盆底垫上瓦片或填塞尼龙纱，再装入土壤（距盆沿3～4厘米为宜）。种植单株的在中间挖5～7厘米深的穴，种植多株的按株距33～35厘米、行距50～52厘米挖穴。

距盆沿3～4厘米

穴深5～7厘米

step2 用水淋透苗床，待土变松软时选择无病叶、无残破叶、根脚好的幼苗，用园艺铲在小苗根系周围将小苗带土挖出，栽入备好的容器中已经挖好的洞穴。栽植时将根系垂直，让其舒展在穴内，并将植株扶正，把根系埋好，稍压实，再淋足定根水。

日常管理

1. 浇水施肥

移栽定植后，视天气情况浇3～5次缓苗水。

移栽后5～7天，应进行第一次追肥，用碳酸氢铵（7克/平方米）、过磷酸钙（14克/平方米）、硫酸钾（7克/平方米）进行混合施用。间隔10～15天后进行第二次追肥，用尿素（14克/平方米）、钾肥（7克/平方米）进行混合施用。莲座叶开始旺盛生长至球叶开始抱合时，进行第三次追肥，用尿素（35～42克/平方米）、钾肥（7克/平方米）混合施用。追肥时应结合浇水进行。

植株封行后，每隔10～15天喷施磷酸二氢钾、锌肥、硼砂一次。采收前10天应停止施肥，以免引起腐烂或裂球。

2. 中耕松土

移栽缓苗后，应用小耙轻轻进行中耕松土（深度3厘米左右为宜），并浇缓苗水，以利根系恢复及生长。以后每隔5～6天再进行一次松土，连续松土3次。松土时，注意不要伤及植株根系，以"近根处稍浅"为原则。多在晴天上午9点至下午3点左右进行。

采收方法

当叶球抱合紧实，外观翻亮，用手轻压有紧实感时，应及时采收。采收时保留一部分外叶，用刀将主茎切断。最好在晴天傍晚进行，收割后将外叶去除，置于阴凉通风处散热后装收。

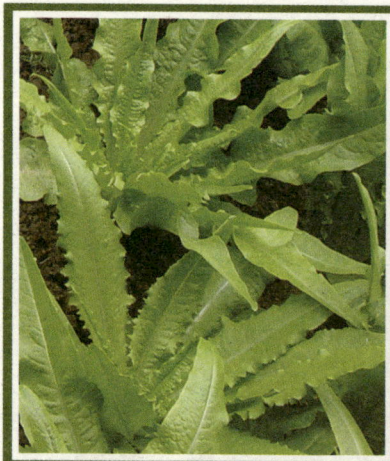

油麦菜

油麦菜又名莜麦菜、苦菜、牛俐生菜，是一种叶用莴苣，富含大量钙、铁、蛋白质、脂肪及维生素A、维生素B_1、维生素B_2、维生素C等营养成分，是生食蔬菜中的上品，有"凤尾"的美称。其营养价值远远优于莴笋，也略高于其他生菜，有降低胆固醇、清燥润肺、化痰止咳、治疗神经衰弱等多种功效。

种植季节

一年四季均可播种，北方冬季适宜在室内或阳台上拱棚保温条件下种植。一般多春种夏收、夏种秋收、早秋种植元旦前收获。春播多于3月下旬实行，夏播多于7月末至8月初实行，秋播多于9月初实行。

一般播种后30～50天可以采收。

生长条件

油麦菜喜凉爽，稍耐寒，不耐热。发芽适温为15～20℃，高于25℃或低于8℃不发芽；叶片生长适温为11～18℃，温度过高则影响生长、提前开花。

喜欢充足的阳光，在全日照条件下生长健壮，但口感较差。因此，应稍加遮阴，遮阳率30%左右食用口感最好，但遮阳率不宜超过30%，否则影响植株健康生长。

需要的材料及工具

1. 材料

腐熟有机肥（以氮肥为主，一般用量3千克/平方米），草木灰（0.5千克/平方米），复合肥（50克/平方米），磷酸二氢钾（15克/平方米），地菌灵（按10克/平方米），敌百虫（8克/平方米），50%多菌灵（1.3克/平方米），一盆50～55℃的热水，土壤（宜选择土层疏松肥沃、排灌条件较好的沙壤土）。

2. 工具

湿布，水壶，园艺铲，小耙，容器（可依栽种数量选择深度在20厘米以上的容器）。

选择种子

属叶用莴苣的变种，是叶用莴苣中尖叶品种，一般依据叶片颜色可分为绿色及紫色品种。

以无损伤、无菌核、颗粒饱满的种子为佳。

种植方法

1. 种子处理

50～55℃热水烫种15分钟

继续浸泡5～6小时

夏季高温时播种前需进行催芽。先将种子倒入50～55℃的热水中浸泡15分钟，其间不停搅拌直到水温降至30℃左右再继续浸泡5～6小时，将种子捞出稍晾干，用湿布包好置于4～5℃的冰箱或冷藏室进行催芽，大约24个小时后种子约有3/4露白即可播种。

2. 整理苗床

将容器盛入植土（距离盆沿8～9厘米以上），加入备好的腐熟有机肥、草木灰、复合肥、磷酸二氢钾、敌百虫，拌匀耙平后浇透水，再按10克/平方米的用量将地菌灵对水喷于苗床。

喷洒地菌灵药液

距盆沿8～9厘米以上

3. 播种育苗

油麦菜既可直播也可育苗移栽，多采用撒播。

（1）播种方法

由于种子细小，播种前可掺入适量细土，育苗移栽的按0.2克/平方米用量进行撒播，直接播种的则按0.4克/平方米用量撒播。播种后覆盖0.5厘米厚的细土。

种子掺细土

播后撒盖0.5厘米厚细土

（2）苗床管理

冬、春季播种，应在苗床上覆盖地膜，当出苗率达到50％再揭去地膜，全部出苗后进行通风。夏、秋季曝晒时，应使用遮阴网适当遮阴。中午苗床温度尽量控制在25℃左右，夜间温度控制在14℃左右。

盖塑料薄膜　　　　　　　　　　　　　　盖遮阴网

5~7天可出苗，当苗长出3~4片真叶时可进行移栽。直播的应进行间苗，株行距均保持10厘米左右，将病弱苗、拥挤苗拔除，同时铲除杂草，并用小耙适当给小苗松松土。

留苗距10厘米左右

4. 移栽定植

step1　将容器装入土壤（距离盆沿3~4厘米为宜）。种植单株的在中间挖3~4厘米深的穴，种植多株的按株距10~15厘米、行距20厘米左右挖穴。再用50％多菌灵对水喷洒植株穴，以对土壤进行灭菌。

距盆沿3~4厘米

穴深3~4厘米

喷洒多菌灵药液

step2　移栽前将苗床淋湿，待苗床土壤松软后再用园艺铲在小苗根系周围将小苗带土挖出，栽入备好的容器中已经挖好的洞穴。栽植时将根系垂直，让其舒展在穴内，并将植株扶正，把根系埋好，及时浇透定根水，浇水时水流不可太急，以免伤苗。

日常管理

1. 浇水施肥

油麦菜需水量不大，一般定植后每隔7天浇一次水，浇水量不宜过大，保持土壤湿润即可。生长旺盛期需水量略大，干旱天气通常1天浇一次水，宜早晚进行。

植株生长高达15厘米左右时进行第一次追肥，将磷酸二氢钾与水按1∶300的比例混匀作为叶面肥喷施。生长盛期，生长快速，需肥量较大，一般每隔7～10天追施一次以氮肥为主的腐熟有机肥（按2～3千克/平方米用量），但采收前一周应停止施肥。采收后，伤口晾干后可追施一次腐熟有机肥（按7～10克/平方米用量），以促进新叶萌发。

2. 中耕除草

定植成活后，应结合浇水进行浅中耕松土。在浇过水后待土壤不黏时用小耙轻轻浅耙松土，发现杂草应及时铲除。

采收方法

油麦菜应适时采收，若过早，植株生长不充分，严重影响产量；若采收过迟，则抽薹开花，影响食用品质。一般当植株长出14～16片叶时可开始采收，通常在早上进行，用手将充分长大、厚实、脆嫩的叶片轻轻掰下即可。

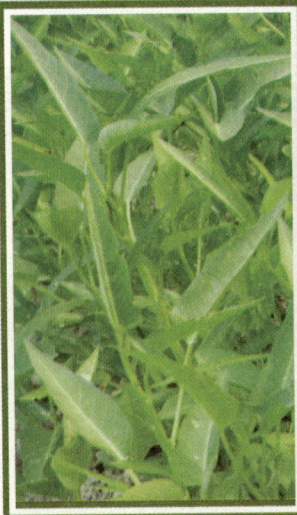

空心菜

又名藤藤菜、蕹菜、蓊菜、通心菜、无心菜、空筒菜、竹叶菜等，其营养丰富，含钙量居叶菜首位，维生素A比番茄高出4倍，维生素C比番茄高出17.5%，其嫩梢中的钙含量比等量的西红柿高12倍多，蛋白质含量比等量的西红柿高4倍。含有较丰富的粗纤维素、半纤维素、木质素、胶浆、果胶等，有促进肠蠕动、抑菌清热、通便解毒等功效。所含的烟酸、维生素C等具有降脂减肥的功效，所含的叶绿素可洁齿防龋、健肤、除口臭，夏季常吃还可防暑解热、防治痢疾等。

种植季节

一般春、夏、秋季均可种植。夏季高温时生长旺盛，秋季容易开花。南方多在12月至第二年2月播种，北方多于4—7月播种。

生长条件

空心菜较耐热、不耐寒；不怕涝，极适合水栽。发芽及幼苗期温度需15℃以上，生长适温为25℃，超过30℃蔓叶生长旺盛，10℃以下停止生长。不耐霜冻，遇霜茎叶枯死；能耐35～40℃高温。

喜光及喜湿润的土壤环境，在整个生长过程中需要充足的光照；环境过干则藤蔓粗老，影响食用品质。

需要的材料及工具

1. 材料

腐熟有机肥（以氮、钾肥为主，2～3千克/平方米），草木灰（140克/平方米），一盆50～60℃的热水，35%甲霜灵拌种剂（3克甲霜灵/千克种子），土壤（宜选择土层疏松肥沃、保水保肥力强的土壤）。

2. 工具

湿布，水壶，细孔喷壶，园艺铲，小耙，容器（可依栽种数量选择长、宽、高均在20厘米以上的容器）。

选择种子

依结籽情况分为籽蕹菜和藤蕹菜。籽蕹菜结籽，主要用于种子繁殖，一般栽于土壤，也可用于水栽。该类型品种长势旺盛，叶片大、茎蔓粗，属北方主栽类型。

籽蕹菜

藤蕹菜

藤蕹菜不结籽，主要用于扦插繁殖，既可用于土壤栽培，也可用于水栽，一般品质优于籽蕹菜，生长期长，产量较高。

依适水性又分为旱蕹和水蕹：旱蕹适合土壤栽培，质地细密，产量较低，籽蕹多属于此类型；水蕹适合水栽，茎粗叶大，茎蔓脆嫩，产量较高。

宜选籽粒饱满、外壳质地干硬的种子。

种植方法

可直播，也可扦插栽种；直播的选择籽蕹菜种子播种，扦插栽种的直接购买藤蕹菜品种进行扦插。

1. 种子处理

空心菜种子的种皮厚而硬，温度低时直接播种发芽慢，如果长时间阴雨天则易引起种子腐烂，因此播种前应进行催芽处理。可用50～55℃的热

50～55℃热水烫种30分钟　继续浸泡20～24小时

水烫种30分钟，其间不停地搅拌，直到水温降至30℃左右再继续浸种20～24小时，然后捞起并用湿布包好置于25℃的温度下催芽。催芽期间每天用清水冲洗种子一次，待50%～60%的种子露白时即可播种。

甲霜灵拌种

播种前将35%甲霜灵拌种剂按每千克种子用3克的药量进行拌种灭菌。

2. 整理苗床

将容器盛入土壤（距离盆沿8～9厘米以上），加入备好的腐熟有机肥、草木灰，拌匀后耙平，浇透底水。

距离盆沿8～9厘米以上

3. 播种方法

可进行撒播或条播：撒播的按20～28克/平方米的用量播种，播后覆盖约1厘米厚度的细土；条播的每隔15厘米挖一条2～3厘米深的浅沟，将种子均匀地撒在沟内，再覆盖约1厘米厚度的细土。播后用细孔喷壶浅浇水，使土壤湿润。

条播沟距15厘米　沟深2～3厘米　　　播后覆盖1厘米厚细土

4. 扦插栽种

step1 夏季多实行扦插栽培，从市场上直接购买可以用于扦插的空心菜（即藤蕹菜品种），长的截成5厘米左右的小段，最好带1个腋芽或顶芽。

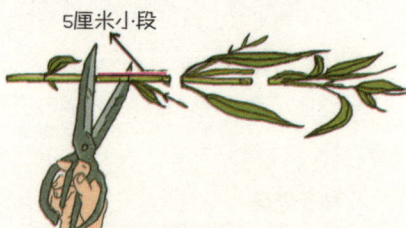

5厘米小段

step2 先将土地施足底肥，以氮、钾肥为主，耙平整匀，浇透底水。将2～3株一起插入容器中的植土内（按株距5厘米、行距10厘米），单穴栽种的可以适当密植。插条至少有3节埋入土内，有2～3节露出土面，并稍加压实。

也可以直接用水栽培，在水中加适量氮肥（按20克/平方米用量）即可。

露出土面　　　　行距10厘米
2～3节
入土3节　　　　株距5厘米

日常管理

1. 温度控制

冬季室内栽种，气温低、湿度大时，播后可覆盖地膜或使用遮阴网保温防寒，以利于植株生长。阳光充足、温度较高时，应揭开薄膜进行通风排湿。植株生长环境避免温度高于35℃，以防植株发生病害。

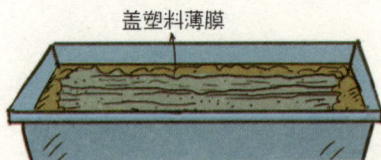

盖塑料薄膜

2. 浇水施肥

栽培空心菜需水量较大，干旱环境会影响口感。播种育苗的，出苗后需每天浇水以保持土壤湿

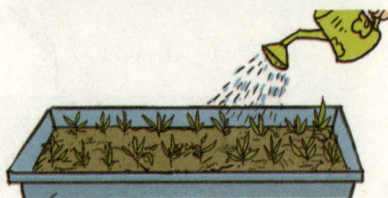

润；采用扦插栽培的，也需每天浇水，促使萌发更多的不定根。

苗期可施用腐熟有机肥（以氮、钾肥为主，按2～3千克/平方米用量）；苗具3～4片真叶时，用复合肥（20～28克/平方米）和尿素（2～8克/平方米）混合施用；生长旺盛期需肥量大，每10天左右追施一次以氮肥为主的腐熟有机肥（按2～3千克/平方米用量）；采收期每采收一次追肥一次（按7～10克/平方米用量）。

3. 中耕除草

一般扦插的2～3天可成活，扦插成活后或播种的苗出齐后，应及时进行中耕除草。可用小耙轻轻松土（深度3厘米左右为宜），并浇水促生长；发现杂草应及时铲除。松土时应以"近根处稍浅"为原则，注意不要伤及根系，且多在晴天上午10点至下午3点左右进行最佳。

松土深度3厘米左右

采收方法

一般当植株长到12～15厘米高时，可间苗采收（将过密或病弱苗拔出）；植株苗高25～35厘米时可采收嫩梢，采摘时留基部2～3节，用手将嫩梢掐下。

空心菜采摘后不宜久放，如想保存较长时间，选择带根的空心菜置于冰箱冷藏柜中，可保留5～6天时间。

留2～3节

芹菜

因香气较浓，故名香芹，也称为药芹、野芫荽等。富含蛋白质、胡萝卜素、B族维生素、钙、磷、铁等，其中所含较高的铁元素，能补充妇女经血的损失，常吃能避免肤色苍白干燥，使目光有神、头发黑亮。所含的锌元素能促进人的性兴奋，常吃能减少男性精子数量，对避孕有帮助，在西方有"夫妻菜"之名。另外，芹菜经肠内消化作用能产生一种木质素或肠内脂的物质，高浓度时可抑制肠内细菌产生致癌物质；常食还能加快胃部消化和排除，有利尿、醒酒、保胃等多种功效。

种植季节

南方地区可全年栽种；因夏季炎热，植株生长缓慢，品质较差，因此以春、秋、冬季种植最佳。北方地区多适宜春、秋季播种。春播多于2—4月实行，夏播多于5—7月实行，秋播多于8—9月实行，冬播在11月至第二年1月间。

从播种到采收，一般需要3~4个月时间。

生长条件

芹菜性喜冷凉、湿润的土壤环境，耐寒、耐阴，不耐旱、不耐涝。种子发芽适温18~25℃，生长适温15~20℃，26℃以上生长不良，品质低劣。

出苗前需覆盖遮阴网，出苗后需要充足的光照，使植株尽量展开及发育；生长期喜中等光，高温强光会使纤维增多、品质变差。

需要的材料及工具

1. 材料

腐熟有机肥（用氮肥，2~3千克/平方米），一盆20~25℃的温水，1%石灰水，土壤（宜选保水保肥、有机质多的壤土或沙壤土）。

2. 工具

湿布，水壶，细孔喷壶，园艺铲，小耙，容器（可依栽种数量选择长、宽、高均在20厘米以上的有孔容器）。

选择种子

一般分为中国类型（本芹）、欧美类型（西芹）两类。

本芹：按叶柄色泽又分为青芹和白芹两种。青芹植株较高大，叶片较大，叶柄较粗，长势较强，产量高，但品质较差。白芹植株较矮，叶片颜色较淡，叶柄较细，淡绿色或白色，植株抗性差，但品质优。

西芹：按叶柄色泽又分为绿芹和黄芹两种。

以无损伤、无菌核、颗粒饱满的种子为佳。

本芹　　　西芹

芹菜种子

种植方法

1. 种子处理

20~25℃温水浸泡4-6小时

芹菜果皮坚厚并有油腺，难以透水，在夏季高湿或干旱条件下需进行种子处理，以促进发芽。先将种子用20~25℃的温水浸泡4~6小时，捞起并轻柔地搓去老皮，冲洗干净后稍晾干，再用湿布包好，置于20℃左右的阴凉处催芽，3~4天后有大部分种子露白即可播种。

2. 整理苗床

将容器盛入土壤（距离盆沿8~9厘米以上），加入备好的腐熟有机肥，拌匀后耙平，浇透底水（用1%石灰水喷洒）。

距离盆沿8~9厘米以上

喷洒石灰水

3.播种育苗

芹菜可直播也可育苗移栽。

（1）播种方法

多实行撒播或条播：撒播的按2～3克/平方米的用量播种；条播的按6～7厘米的行距划沟，将种子均匀地撒在沟内。芹菜种子细小而轻，可掺适量细土，播后及时覆盖0.3～0.5厘米厚的细土。高温季节播种，宜在阴天或午后进行，以免强烈的日照伤芽。

种子掺细土

播后覆盖03～05厘米厚细土

条播沟距6～7厘米

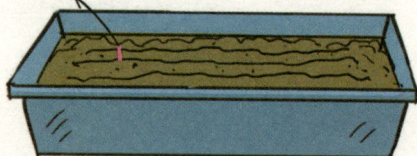

（2）苗床管理

高温季节播种后可覆遮阴网，以降温、保湿，苗长出1～2片真叶时可撒一层薄薄的细土，并逐渐揭去遮护物。

幼苗顶土时浅浇一次水，出苗后每隔2～3天轻浇一次水。

隔6～7厘米留7～10株

直播的，当苗长出3～4片真叶时，按每6～7厘米留7～10株的方式进行间苗及分苗，并铲除杂草。打算移栽定植的，当幼苗长出5～6片真叶时，可进行移栽定植。

4.移栽定植

step1 选择有孔容器，洗净，盆底垫上瓦片或填塞尼龙纱，再装入土壤（至盆沿3～4厘米为宜）。单穴栽种的挖8～9厘米深的穴，大量栽种的按株距10～13厘米、行距16～20厘米挖穴。

距盆沿3～4厘米

穴深8～9厘米

step2 移栽前将苗床淋湿，待苗床土松软后再用园艺铲将小苗（每7～10株）带土挖出，栽入备好的容器中已经挖好的洞穴（每穴7～10株）。栽植时将根系垂直，让其舒展在穴内，并将植株扶正，把根系埋好，及时浇透定根水，浇水时水流不可太急，以免伤苗。

日常管理

1.遮阴庇护

高温季节定植的，可用遮阴网遮护10～20天，待植株成活后再慢慢揭去遮阴网。

2.浇水施肥

定植后每天早上或傍晚浇一次水直至成活。定植成活后，需蹲苗7～15天。蹲苗结束后，土表不干不浇水。

植株长出6～7片叶时，开始进入生长旺盛期，结合浇水每7～8天追肥水一次，连续追肥3～4次，可按20～28克/平方米用量施用硫酸铵。为使伤口及早愈合，擗叶采收后不宜立即浇水，应在5～7天后伤口愈合及根系再生后，再追施肥水。

3. 中耕除草

生长期间，应结合除草用小耙轻轻进行中耕松土，松土时不要伤及植株根系，以"近根处稍浅"为原则。多在晴天上午10点至下午3点左右进行。每隔5～6天再进行一次松土，连续松土3次。

采收方法

在植株高40～50厘米即可分批拔采，采摘时以长度5～6厘米的嫩叶为主；掰叶采收的，应从距植株基部5厘米左右处开始，保留2～3片功能叶，以便植株恢复生长。

5～6厘米长

距基部5厘米

常遇问题解答

为什么芹菜出现干边甚至茎裂现象

当氮肥和钾肥一次性施用量过多时，氮、钾浓度过高会导致植株对硼、钙元素的吸收，造成植株心叶幼嫩组织变成褐色，并出现干边现象，严重时会导致整株枯死。出现这种现象，应及时控制氮肥和钾肥的施用量，并结合浇水增施适量硼肥和钙肥，使土壤湿润，避免干旱导致干枯现象加重。

当植株严重缺乏硼元素时，外叶叶柄内侧会出现茎裂现象。心叶发育期缺硼元素，心叶内叶组织会变成褐色，并伴随龟裂现象。可用0.5%的硼砂水溶液向叶面喷施，能防止此现象。

二、果实类蔬菜

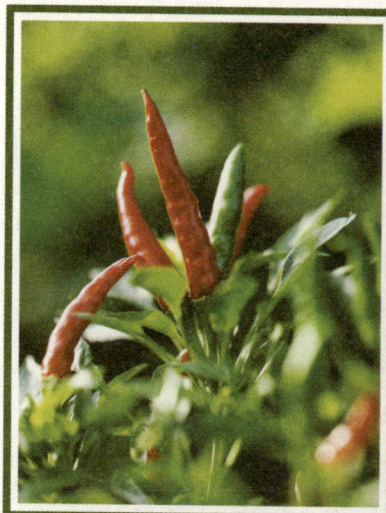

辣椒

又叫辣子、辣角、海椒、番椒、秦椒等。果实中含有多种维生素和微量元素，其中维生素A、B族维生素的含量高于黄瓜、西红柿、茄子等，而维生素C的含量在蔬菜中居于首位。所含的辣椒素可促进食欲、帮助消化、散寒除湿等，还能促进脂肪新陈代谢，防止体内脂肪积存；辣味素还是一种抗氧化物，可阻止并终止细胞组织的癌变过程，降低癌症细胞的发生率。

种植季节

南方四季均可播种，北方在温室或拱棚保温条件下也可越冬栽培，但以春播夏栽最好。一般春栽的于10—11月播种，夏栽的于1月下旬至4月上旬播种，秋栽的于7—9月播种，冬栽的于11月中旬至12月上旬播种。

一般播种后需要3~5个月才能收获，春栽的需要6~7个月收获。

生长条件

辣椒喜高温、多湿的环境，不耐低温，怕涝，也不耐旱。发芽适温为25~30℃，低于15℃几乎不发芽。开花结果期白天适温为20~25℃，夜晚适温为16~20℃；低于15℃受精不良，大量落花；8℃以下不开花，花粉死亡，落花；35℃以上，花粉变态或不孕，造成落花。

喜光，但怕曝晒，一般要求中等强度光照。光照过强易引起"日烧病"（又叫日灼病，主要发生在果实上，果实向阳面失水褪绿成淡黄色或灰白色，容易破裂而被病菌腐蚀，从而形成一层黑霉或腐烂）；光照偏弱则造成行间郁闭，引起落花、落果或畸形果现象。

需要的材料及工具

1. 材料

腐熟有机肥（用氮磷钾完全肥料，一般用量2~3千克/平方米），一盆50~55℃的热水，0.1%的高锰酸钾溶液（或10%磷酸三钠溶液），土壤（以未种过茄果类、瓜类、马铃薯等作物且富含有机质的壤土或沙壤土为宜）。

营养土配制方法： 将4份腐熟有机肥、6份土壤混匀成营养土。再掺入50％多菌灵粉剂（两药等量混合），按照每立方米营养土掺入120～150克的药量对营养土进行消毒。

2. 工具

湿布，水壶，细孔喷壶，1根竹竿（高100厘米左右），麻绳，园艺铲，小耙，容器（单株的宜选择长、宽、高均在20厘米以上且具有排水孔隙的方形或圆形容器，可依栽种数量选择深度在20厘米以上的大型方形容器）。

选择种子

按果实特征，一般分为以下五个变种。

樱桃椒　　　　圆锥椒　　　　簇生椒　　　　长椒　　　　甜柿椒

樱桃椒： 果圆形或扁圆形，形小似樱桃，有红色、黄色、微紫色，辣味很强，适合制干辣椒或供观赏。

圆锥椒： 果圆锥形或圆筒形，多向上生长，味辣。主要品种有鸡心辣、黑弹头等。

簇生椒： 果簇生，向上生长，果色深红、肉薄，辣味很强，多用于制干辣椒。

长椒： 果长角形，先端尖、微弯曲，形似牛角、羊角、线形，果肉有薄也有厚，肉薄的较辛辣，多用于干制、腌制或制成辣椒酱；肉厚的辛辣味适中，适合鲜食。

甜柿椒： 又叫彩椒、菜椒、甜椒，叶片和果实均较大，辛辣味适中，适合鲜食。按生长分枝和结果习性，又分为无限生长类、有限生长类、部分有限生长类。

应选充实饱满、无菌核、生命力强的种子。

种植方法

1. 种子处理

50～55℃热水烫种15分钟

辣椒一般育苗移栽。可选择在晴天上午9点至下午3点，将种子置于太阳下曝晒一天，可使种子很快吸收水分并膨胀发芽。把曝晒后的种子放进50～55℃的热水中浸泡15分钟，不停搅拌至水温降至30℃左右，再捞出并用0.1％的高锰酸钾溶液（或10％磷酸三钠溶液）浸泡10～20分钟，用清水冲净并用清水继续浸泡4~5小时后，再捞起稍晾干，用湿布包好，置于25~30℃环境下催芽，4~5天后种子露白即可播种。

高锰酸钾溶液浸泡10~20分钟

继续用清水浸泡4~5小时

2. 整理苗床

将容器盛入土壤（距离盆沿8~9厘米以上），将营养土均匀地撒于苗床上，厚约1~2厘米，并整匀耙平，浇透底水。

先装土至离盆沿8~9厘米以上
再撒营养土1~2厘米厚

3. 播种育苗

（1）播种方法

多采用点播。按间距10~12厘米挖小穴，每穴播2~3粒种子。播后用营养土覆种，厚0.5~1厘米，并用细孔喷壶喷施一层薄水，使苗床保持湿润。

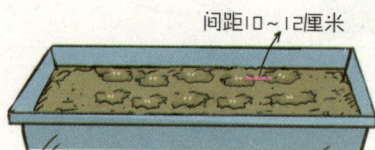

间距10~12厘米

播后覆盖0.5~1厘米厚营养土

（2）苗床管理

播种后，若地温较低，应及时覆盖地膜，以利出苗。为防止苗徒长，播种后出齐苗后应适当降低温度，白天温度控制在22~25℃，夜晚温度控制在15~18℃。夏季曝晒时，应用遮阴网适当遮阴，以免灼伤。

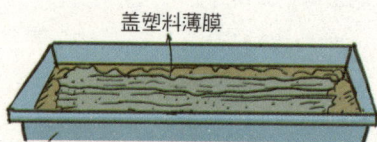

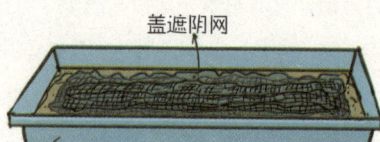

盖塑料薄膜

盖遮阴网

苗期不干不浇水，以免徒长。苗长出8~10片真叶时，可进行移栽定植。

4. 移栽定植

step1 选择有孔容器，洗净，盆底垫上瓦片或填塞尼龙纱，再装入营养土（距离盆沿3~4厘米为宜）。种植单株的在中间挖5~7厘米深的穴，种植多株的按行距33厘米、株距25~28厘米的间距挖穴。

距盆沿3~4厘米

穴深5~7厘米

step2 用水淋透苗床，待土变松软时用园艺铲在小苗根系周围5厘米的位置将小苗（每2株）带土挖出，栽入备好的容器中已经挖好的洞穴。栽植时将根系垂直，让其舒展在穴内，并将植株扶正，用剩余的营养土填穴覆根，并稍压实，最后淋足定根水。

日常管理

1. 浇水施肥

一般定植3～5天后可缓苗，此时选留1株健壮苗，并用细孔喷壶浅浇一次缓苗水；浇水后待土不黏时用小耙浅耙松土。连续浅中耕松土2次，即可蹲苗。开花前可适当控制浇水，以免徒长。结果期需较多水分，避免干旱。

门椒开花结果期间不要浇水，门椒膨大时，应结合追肥浇一次大水，追施氮磷钾完全肥料（按1：0.5：1比例为宜），一般按10～14克/平方米的用量混入适量水施用。开花结果后，门椒及对椒※已经形成时，应隔7～10天追施一次肥水，连续追施3～4次。

注:

门椒：指辣椒第一批花结出来的果实，生长于辣椒分杈的结位上。

对椒：指辣椒第二批花结出来的果实，生长于分杈后的第一个结位上。

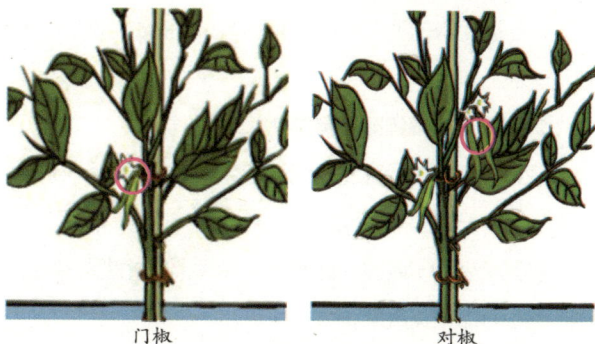

门椒

对椒

2. 插竿

辣椒栽培一般不需要搭架，但株高30厘米以上时，应及时设立支架，以增加结果时的承受力或防止外力使枝意外折断。可将一根高100厘米左右的竹竿插入植株旁，用麻绳轻轻捆绑。

3. 整枝

当主干顶端开始分杈时，为了节省养分，应及时进行整枝修剪。尖椒类品种，一般将分杈以下的侧枝全部摘除；甜椒类品种，保留分杈和第一侧枝，其下部的侧枝全部摘除。

为了减少病害，整枝宜在晴天上午进行，不宜在阴天及傍晚进行，以免伤口不能及时愈合造成病菌感染。一般在侧枝长到10～15厘米时，从侧枝基部约1厘米处将侧枝剪掉，留短茬保护枝干。不要紧贴枝干剪切，以免伤口染病后感染枝干。

尖椒品种整枝

甜椒品种整枝

离基部1厘米左右

采收方法

一般花谢后2～3周，可采摘色泽青绿、充分膨大的果实，或者果实变黄或变红成熟后再采摘。采摘宜在早上和傍晚进行，中午水分蒸发过多，果柄失水易使采摘时伤枝。最好分批采摘，留较多果实在植株上可提高产量。采摘时应连果柄一起摘下。

常遇问题解答

1. 为什么出现叶片卷曲、植株倒伏现象

当植土缺乏钾元素，辣椒植株则矮小细弱、容易倒伏，且出现叶片卷曲、老叶逐渐变黄等"叶烧"现象。此时若增施硫酸钾或氯化钾等钾肥（按7～14克/平方米用量），可增加植株对氮、磷元素的吸收作用，利于植株蛋白质形成，提高植株耐寒、抗旱、抗倒伏等作用，还有明显的增产效果。

2. 如何防止辣椒落花落果

辣椒开花期遇低温易造成落花落果现象，可用防落素按15～25毫克对1千克水的浓度进行喷施，一般喷施1次即可。

防落素俗称丰收灵，可增加坐果率，加速幼果发育，一般用于辣椒、茄子、西红柿、青瓜、西瓜等瓜果类蔬菜。

茄子

又名落苏、矮瓜、昆仑瓜、酪酥、六蔬等，富含钙、磷、铁、维生素等多种营养成分，其中维生素P的含量比多种蔬菜、水果要高多倍。而维生素P能增强毛细血管壁，有助于防治牙龈出血及因内耳疾病引起的水肿或头晕等；所含的维生素E具有抗老防衰等功效。另外，茄子还含有茄碱、胆碱等多种生物碱，其中茄碱具有防治胃癌的功效。

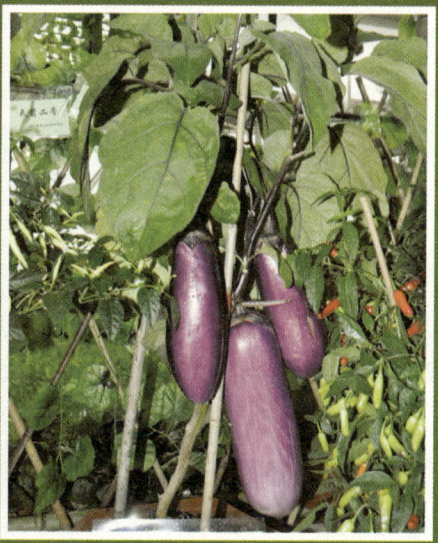

种植季节

一般于1—3月播种，4月下旬移栽定植（北方多在温室或拱棚保温条件下栽培），6月下旬开始收获。华南地区（包括广东、广西壮族自治区、海南、香港特别行政区、澳门特别行政区）也可在6—7月进行播种，9—10月开始收获。

生长条件

茄子喜高温，怕霜冻、忌涝，较耐热、耐湿，也不宜密植，否则互相遮挡会通风不良，易发病且影响产量。种子发芽适温为25～30℃；生长适温为20～30℃；结果期适温为25～30℃。高于35℃或低于17℃植株长势明显下降，并出现严重的落花落果现象。

喜光，对日照长度和强度有较高的要求。长日照、强度高的条件下，生长旺盛，尤其在苗期，长日照花芽分化快，开花早，果实产量高、着色佳。光照不足，则幼苗发育不良，产量下降，果实着色不良。

需要的材料及工具

1. 材料

腐熟有机肥（可用磷酸一铵或硫酸钾，一般用量2～3千克/平方米），草木灰，一盆50～55℃热水，30%恶霉灵1000倍液，75%百菌清可湿性粉剂400～600倍液，土壤（以肥沃的沙壤土为佳，忌黏性土壤，以防雨涝造成沤根死苗）。

营养土配制方法：将6份种植土、3份腐熟有机肥、1份草木灰混匀，配制成营养土备用。

2. 工具

湿布，水壶，园艺铲，小耙，1根竹竿（高100厘米左右），麻绳，容器（可依栽种数量选择长、宽、高均在20厘米以上的有孔容器）。

选择种子

主要分为紫茄、黑圆茄、白茄，目前以紫茄为主。

紫茄：是茄子中的上品，富含维生素P，尤其是紫色表皮和果肉的结合处含量最多。

紫茄

黑圆茄

黑圆茄：果实一般为圆形略扁，也有椭圆形、梨形，有光泽，果皮多为紫色或紫黑色。江浙人称之为六蔬，广东人称之为矮瓜。

白茄

白茄：果实呈长棒形，头尾均匀，果皮白色；外皮具有药用价值，常食具有祛斑美白、治疗风湿关节痛等效果；入口更软、糯、细，口感更好。

茄子种子

应选籽粒饱满、生命力强的种子。

种植方法

1. 种子处理

50～55℃热水
烫种15分钟

继续浸泡6～8小时

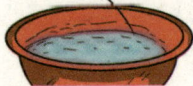

一般育苗移栽，播种前通常进行催芽育苗（也可直接播种）。先用一盆50～55℃热水烫种15分钟，不断搅拌至水温降至30℃左右，再继续浸泡6～8小时，待种子吸水膨胀后捞起，洗净种子黏液，稍晾干后用湿布包好，置于25～30℃黑暗处催芽，待种子有一半以上露白即可播种。

2. 整理苗床

容器盛入土壤（距离盆沿8～9厘米以上），将营养土均匀地撒于苗床上，厚1～2厘米，并整匀耙平，浇透底水。

再撒1～2厘米厚营养土

先装土至离盆沿8～9厘米以上

3. 播种育苗

（1）播种方法

多采取点播的方式，按间距10～12厘米挖小穴，每穴播2～3粒种子，播后覆盖一层1厘米厚的营养土。

间距10～12厘米
播后覆盖1厘米厚营养土

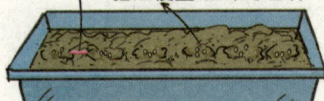

（2）苗床管理

若低温播种，播后应及时覆盖地膜；高温时应注意遮阴，以保持土壤湿润直至发芽。播后白天温度最好控制在25～30℃，夜温14～22℃；苗出齐后白天温度控制在20～26℃，夜温12～18℃。

盖塑料薄膜　　　　　　　　　　盖遮阴网

出苗前，可根据土表情况浅浇1～2次水，以保持苗床湿润。出苗后3天内，结合浇水用30%恶霉灵1000倍液对苗床进行1～2次浇洒；苗期，每隔7～10天用75%百菌清可湿性粉剂400～600倍液结合浇水混合喷洒。

当苗出齐后，应及时间苗，留健壮苗，拔除病弱苗及过密苗。苗长出1～2片真叶，可进行分苗，苗间距保持在10～12厘米，并及时浇分苗水。待苗长出3～4片真叶时，可进行移栽定植。

4. 移栽定植

step1　选择有孔容器，洗净，盆底垫上瓦片或填塞尼龙纱，再装入营养土（距离盆沿3～4厘米为宜）。种植单株的在中间挖5～7厘米深的穴，种植多株的按行距50～60厘米、株距40～60厘米的间距挖穴。

距盆沿3～4厘米
穴深5～7厘米

step2　用水淋透苗床，待土变松软时用园艺铲在小苗根系周围5厘米的位置将小苗（每2株）带土挖出，栽入备好的容器中已经挖好的洞穴。栽植时将根系垂直，让其舒展在穴内，并将植株扶正，用营养土填穴覆根，并稍压实，最后淋足定根水。

日常管理

1. 温度控制

移栽定植1～2天内，中午烈日下应尽量遮阴庇护。

2. 浇水施肥

一般定植7天后可缓苗，此时选留1株健壮苗，并及时浇一次缓苗水。生长期早晚各浇一次水，高温干旱时每天浇2～3次水，如发现叶片萎蔫，应及时喷叶面水。直到门茄谢花前不再浇水。

当门茄长到3～4厘米时，开始追施第一次肥水，按2～3克/平方米的用量将碳酸氢铵或磷酸一铵或硫酸钾加水混合成溶液，浓度分别为0.3%、0.15%、0.2%。以后每隔10～15天结合浇水追施一次尿素或磷酸二铵或硫酸钾（按2～3克/平方米用量）。

3. 中耕除草

定植7天后的缓苗一般进行2～3次中耕。在浇水后待土壤不黏时，根据土壤状况，可用小耙适当松松土，以促进扎根缓苗。采收门茄时，根据土表状况可结合浇水再进行一次中耕松土，并铲除杂草。

4. 插竿

茄子栽培一般不需要搭架，但株高30厘米以上时，应及时设立支架，以增加茄苗结果时的承受力或防止外力使枝意外折断。可将一根高100厘米左右的竹竿插入植株旁，用麻绳轻轻捆绑。

5. 摘腋芽

当第一次分枝出现并开花时，保留花下最近的两个侧芽（又称为腋芽），其余侧芽全部摘除。

6. 整枝

为了节省养分，应及时进行整枝修剪。一般前期不整枝，任其生长、分枝、结果，待门茄采收后，再将下部过密、枯黄的老残叶清除，同时将过密枝、徒长枝、枯枝、病虫枝剪除。对茄形成后，再剪去上部两个向外的侧枝，形成双干枝，以此类推。当四门斗茄坐果后，再进行摘心。

6～20厘米

距基部1厘米

注：

门茄： 指茄子第一批花结出来的果实，生长于茄子主茎上分杈结位上。

对茄： 指茄子第二批花结出来的果实，生长于茄子分杈后一级侧枝的第一个结位上。

四门斗茄： 指茄子分杈后二级侧枝上的果实。三级侧枝上的果实称为"八面风"，以后侧枝上的果实称为"满天星"。

门茄　　　　　　　对茄　　　　　　　　　四门斗茄

整枝时应从侧枝基部1厘米左右处将侧枝剪掉，留短茬保护枝干，不要紧贴枝干剪切，以免伤口染病后感染枝干。为了减少病害，整枝宜在晴天上午进行，不宜在阴天及傍晚进行，以免伤口不能及时愈合造成病菌感染。

距基部1厘米

叶片长密后需摘除硕大、枯黄的老叶；摘叶时发现徒长枝、过密枝、枯枝、病虫枝应剪除。

注：开花时不要每天用手摸花，易造成只开花不结果的现象。

采收方法

一般在萼片与果实连接的地方，果皮的白色部分或淡绿色环状带即将消失时为采收适期。采收时宜在早晨或傍晚进行，中午水分蒸发过多，果柄失水易使采摘时伤枝。

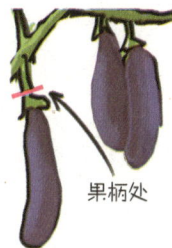

采收时用剪刀从果柄处剪断，不宜强拉硬扯，以免伤枝。

果柄处

常遇问题解答

如何防止茄子落花落果

茄子开花期遇低温易造成落花落果现象，可用防落素按30~50毫克对1千克水的浓度进行喷施，一般喷施一次即可。

西红柿

西红柿又名番茄、洋柿子，在秘鲁和墨西哥最初称为狼桃。营养丰富，有"长寿果"之美名，是番茄红素最丰富的来源。而番茄红素具有很强的抗氧化活性，可增强免疫系统抗病能力，抵抗各种因自由基引起的老化性疾病；还能有效地清除体内自由基，起到延缓衰老、降低癌症发生率、减少色斑沉着等作用。

种植季节

一般实行春、夏、秋季播种。春、夏季多在4—7月播种，5—9月定植；秋栽多在7月中旬播种，8月下旬移栽。全国普遍以春栽为主。

从播种到收获需3~4个月时间。

生长条件

西红柿是喜湿、怕涝的半耐旱性蔬菜，种子发芽适温为25~28℃，生长适温为15~33℃。低于15℃则不能开花或授粉受精不良导致落花等，低于10℃植株停止生长，高于35℃生殖生长受到干扰和破坏，40℃高温时则导致落花、落果或果实发育不良。

喜温、喜光、怕热，属短日照蔬菜。光照不足则发育不良、落花严重；长出2片真叶后，多数品种在11~13小时的日照下开花较早、生长健壮，16小时的光照条件下则最好。

需要的材料及工具

1. 材料

腐熟有机肥（一般用量2~3千克/平方米），一盆50~55℃的热水，65%的代森锌可湿性粉剂，草木灰，菜园土（宜选用土层深厚、富含有机质的肥沃壤土）。

营养土配制方法：将6份菜园土、3份腐熟有机肥、1份草木灰混合成营养土，再掺入65%的代森锌可湿性粉剂，按照每立方米营养土掺入120~150克的药量对营养土进行消毒。

2. 工具

湿布，水壶，2根小竹棍或筷子（高20~25厘米），4根竹竿（高约1.2米），麻绳，金属丝，园艺铲，小耙，塑料薄膜，容器（可依栽种数量选择长、宽、高均在30厘米以上且具有排水孔隙的方形或圆形容器）。

选择种子

西红柿品种较多，大体上可分为大型果和小型果。小型果即小番茄（称为樱桃番茄），是目前阳台种植最适合的品种。

选择色泽纯正、籽粒饱满、无霉变的种子为宜。

小番茄

种植方法

1. 种子处理

可直接播种育苗，但播种前多实行催芽育苗。先将种子放进50～55℃的热水中浸泡15分钟，不停搅拌直至水温降至30℃左右，再继续浸泡4～6小时，捞起、稍晾干，置于25～28℃环境下催

50～55℃热水烫种15分钟

继续浸泡4～6小时

芽。催芽期间每天用水冲洗种子一次，大约3天后有50%以上种子露白即可播种。

2. 整理苗床

将容器盛入植土（距离盆沿8～9厘米以上），将营养土均匀地撒于苗床上，厚1～2厘米，并整匀耙平，浇透底水。

先装土至离盆沿8～9厘米以上再撒营养土1～2厘米厚

3. 播种育苗

（1）播种方法

多采取点播的方式，按间距10～15厘米挖小穴，每穴播1～2粒种子，播后覆盖一层0.5厘米厚的营养土。

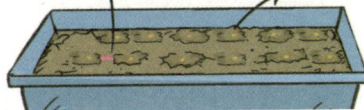

间距10～15厘米
播后覆盖0.5厘米厚营养土

（2）苗床管理

春播的，气温低时可在播后及时覆盖一层塑料膜，待出苗后再撤除塑料膜。播种后白天温度最好控制在20～28℃，晚上温度控制在10℃以上。夏、秋季高温季节应使用遮阴网适当遮护。

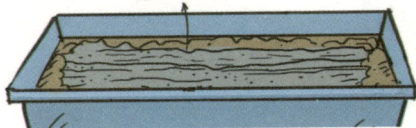

盖塑料薄膜

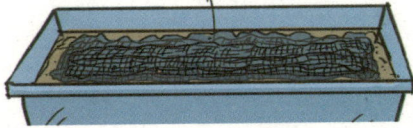

盖遮阴网

苗期浇水不宜过多，以免发生徒长，每隔10天结合浇水追施一次腐熟有机肥（10～14克/平方米）。

苗长出3～4片真叶时，可进行移栽定植。

4. 移栽定植

step1 选择有孔容器，洗净，盆底垫上瓦片或填塞尼龙纱，再装入营养土（至盆沿3～4厘米为宜）。种植单株的在中间挖8～10厘米深的穴，种植多株的按行距50～60厘米、株距25～30厘米的间距挖穴。

距盆沿3～4厘米
穴深8～10厘米

step2 用水淋透苗床，待土变松软时用园艺铲在小苗根系周围5厘米的位置将小苗带土挖出，栽入备好的容器中已经挖好的洞穴。栽植时将根系垂直，让其舒展在穴内，并将植株扶正，用营养土填穴覆根，并稍压实，最后淋足定根水。

日常管理

1. 浇水施肥

移栽定植后，每隔3～5天浇一次水，每隔10天喷施0.5%磷酸二氢钾溶液，或常向叶面喷米醋100倍液（可防治病虫害及对叶面追肥）。

花开时每隔10天于植株附近追施一次固态肥料，可用氮磷钾复合肥（40～50克/平方米，氮、磷、钾按1：0.5：1比例为宜），不能施过量氮肥。盛果期需水量较大，应勤浇水，使土表保持湿润为宜。采收第一批后，应剪除植株上枯死的老枝叶，再于植株根部追加一次肥水，以促进新枝发生、重新开花结果。

2. 立支柱

当植株长到20～30厘米高时，应用2根小竹棍（或筷子）插入盆缘植土内作临时支柱，并用麻绳以"8"字形将植株茎蔓捆绑。捆绑时稍留植株生长空间，不要捆缚太紧。

花开时，应用4根高约1.2米的竹竿围绕植株插入盆缘植土内作永久性支柱，以增加结果时的承受力。搭架时，除最上方用

临时性支柱

永久性支柱

金属丝固定外，四周可用麻绳分段固定，以搭设环状支架。再将植株枝蔓引向支架，并用麻绳轻轻捆绑于架上。

3. 摘腋芽

当植株腋芽（即侧芽）长至5～6厘米时，应用手摘除，以减少养分消耗。

4. 整枝

常采用单干整枝和双干整枝。

单干整枝：只留主枝，把所有的侧枝全部摘除。可使单株结果数减少，但果型增大。

双干整枝：除保留主枝外，再保留第一花序下的第一侧枝，其余侧枝全部摘除。可使单株结果数量增多，提高产量。

5. 摘心打顶

植株高80厘米

单干整枝

双干整枝

左右，上留1～2片叶，摘去顶端生长点，可控制株高，增加产量。

6. 疏花疏果

当果实结得过多时，不但使植株不能负载，还会使养分分散，造成单果品质及重量降低。因此，应及时疏花疏果。通常每穗花序上大果品种留3~4个果、小果品种留5~6个果就够了，其余花或果都可以全部摘除。

7. 园艺造型

可选择在晴天下午（忌阴雨天或晴天早上，以免断枝），通过扭枝、打顶等整理，可对植株进行盆艺造型，同时将老黄、枯枝、病叶等及时摘除，以利通风透光及减少养分消耗。

采收方法

准备食用的果实应在果实有1/3以上变红时采收为宜，贮存保鲜的果实应在果实绿熟期（即果实颜色逐渐向红色转变时期）采收为宜。

采收时应轻摘轻放，不要带果带。

常遇问题解答

如何防止西红柿落花落果

可使用番茄灵蘸花或直接喷花，既可防止落花落果现象，又不易产生畸形果，施用也比较安全。将25~50毫克的番茄灵对1千克水，混匀后倒入小碗内，将开有3~4朵花的花穗在碗中浸蘸一下，再轻轻震动一下花序，使多余溶液滴入碗内，每隔7天蘸花一次，连续进行2次。

黄瓜

又称为青瓜、胡瓜等，富含蛋白质、多种维生素、纤维素以及钙、磷、铁、钾、钠、镁等多种微量元素。其中所含的纤维素可降低血液中的胆固醇、甘油三酯的含量，还具有促进肠道蠕动、加速废物排泄等功效；富含的维生素E有抗氧化、防衰老等作用；所含的黄瓜酶具有很强的生物活性，食用后有助于排出毒素；所含的维生素C有美白肌肤、保持肌肤弹性等美容功效。除食用外，取汁涂抹肌肤，还有助于舒展皱纹、润白肌肤等。

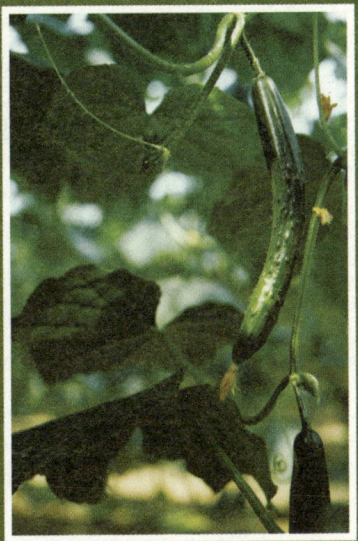

种植季节

春、夏、秋季均可播种，以春播最为普遍。春播的一般于1—3月播种，大约55天收获；夏播的于5—7月播种，秋播的于8—9月播种，夏、秋季播种后需35天左右收获。

生长条件

黄瓜喜温暖、湿润的环境，怕涝、怕旱。种子发芽适温为25～30℃，生长适温为18～32℃；温度超过35℃或低于10℃都不利于开花结果，5℃以下易发生冻害。

较耐弱光，属短日照作物。生长期间若光照不足，则发育缓慢，严重者导致幼瓜自行萎蔫；光照过强则易使叶片被灼伤，受伤部位呈白色或浅黄色，轻者叶缘或近叶缘1/3处被灼伤，重者整个叶片被灼伤。

需要的材料及工具

1. 材料

腐熟有机肥（2～3千克/平方米），一盆50～55℃的热水，50%多菌灵可湿性粉剂，草木灰，菜园土（宜选用葱蒜类菜地土或未种过菜的肥沃壤土）。

营养土配制方法：将6份菜园土、3份腐熟有机肥、1份草木灰混合成营养土，再掺入50%多菌灵可湿性粉剂，按照每立方米营养土掺入60克的药量对营养土进行消毒。

2. 工具

水壶，2根竹竿（高约1.2米），麻绳，园艺铲，小耙，容器（可依栽种数量选择深度在

20厘米以上的有孔容器）。

选择种子

目前从品种分布区域划分为华南型黄瓜、华北型黄瓜、南亚型黄瓜、欧美型露地黄瓜、北欧型温室黄瓜、小型黄瓜。其中小型黄瓜植株较矮小，分枝性强，多花多果，是目前阳台种植最合适的品种。

乳黄瓜： 植株健壮，不耐寒，怕霜冻，抗逆力强，结瓜多，采收期较长。

正航翠1号： 杂交新品种，早熟，长势强，瓜皮深绿色，瓜肉浅绿色，口感香脆。

宜选择籽粒饱满、无病害、无破损的种子。

黄瓜种子

种植方法

1. 种子处理

一般采用育苗移栽，播种前多进行催芽育苗。先将种子放进50～55℃热水中浸泡15分钟，其间不停搅拌至水温降至30℃，再继续

50～55℃热水烫种15分钟

继续浸泡5～6小时

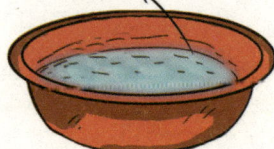

浸泡5～6小时，捞起并用水冲净，稍晾干后置于28～30℃环境下催芽，大约2天后有70%种子露白即可播种。

2. 整理苗床

将容器盛入植土（距离盆沿8～9厘米），将营养土均匀地撒于苗床上，厚1～2厘米，并整匀耙平，浇透底水。

先装土至离盆沿8～9厘米以上
再撒营养土1～2厘米厚

3. 播种育苗

（1）播种方法

多采取点播的方式，按间距10～15厘米挖小穴，每穴播2～3粒种子，播后覆盖一层0.5厘米厚的营养土。

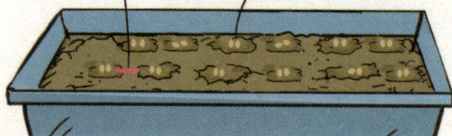

间距10～15厘米
播后覆盖0.5厘米厚营养土

（2）苗床管理

长出第1片真叶后、2~3片真叶前应进行疏苗，选留1株最健壮的苗，其他苗全部拔除，此时结合浇水进行追肥，按10~14克/平方米用量追施第一次肥水，以磷钾肥为主。

苗长出2~3片真叶时，可进行移栽定植。

4. 移栽定植

step1　选择有孔容器，洗净，盆底垫上瓦片或填塞尼龙纱，再装入营养土（距离盆沿3~4厘米为宜）。种植单株的在中间挖5~7厘米深的穴，种植多株的按15厘米以上的间距挖穴。

距盆沿3~4厘米

穴深5~7厘米

step2　用水淋透苗床，待土变松软时用园艺铲在小苗根系周围5厘米的位置将小苗带土挖出，栽入备好的容器中已经挖好的洞穴。栽植时将根系垂直，让其舒展在穴内，并将植株扶正，用营养土填穴覆根，并稍压实，最后淋足定根水。

日常管理

1. 遮避强光

光照过强时应使用遮阴网，尤其是夏季中午阳光直射时，以免强烈日光烧苗及叶片，造成灼伤。

2. 浇水施肥

定植后3~5天应勤浇水，以保持土表湿润。苗长出3~4片叶时应控制浇水，进行蹲苗管理。抽蔓至结果初期，应据土壤湿度进行适当浇水。盛果期需水量大，每隔3~5天浇水一次，干旱时每天应浇2次。

定植缓苗后应结合中耕除草进行追肥，按10~14克/平方米用量结合浇水追肥，以磷钾肥为主。长出5~6片叶时结合中耕进行培土（在根茎周围补土，防止植株倒伏），再进行肥水追施。花朵凋谢后，果实会继续成长，此时应继续追施肥水。收获3~4次后，每7天追肥一次，按7~10克/平方米用量施用复合肥，施肥时结合浇水进行。

3. 立柱引蔓

当植株长到20~25厘米高，此时叶子生长茂密且开始抽蔓、长出卷须，应及时竖立支柱并将藤蔓引上支架。通常用2根高约1.2米的竹竿围绕植株插入盆缘植土内作支柱，并用麻绳以"8"字形将植株茎蔓捆绑。捆绑时稍留植株生长空间，不要捆缚太紧。

选择晴天傍晚，将植株卷须绕缚支架，并用麻绳将藤蔓轻轻捆绑于架上，一般每隔3~4天引蔓一次。

4. 摘心整枝

黄瓜摘心整枝应依品种而定，主蔓结瓜的一般不用整枝。小型黄瓜一般主侧蔓结瓜或侧蔓结瓜，应进行摘心整枝，以促新枝发展，增加产量。当植株主蔓长至30厘米左右即可进行摘心（把植株顶梢摘除），可根据需要留2~3个侧蔓，每侧蔓留5~7个果，其余均可摘除，以减少养分消耗，促进通风透气，减少病菌滋生。

采收方法

一般开花10天左右即可采收第一批瓜，以皮色由暗绿变为鲜绿，有光泽、花瓣未脱落时采收为佳。第一批瓜应及时采收，过晚会影响后续瓜的生长甚至容易形成畸形瓜。采收最好在上午日出前或日出1~2个小时内，用剪刀将瓜柄剪断，不宜硬拉强拽，以免损伤瓜蔓。

6~10厘米

常遇问题解答

1. 如何防止黄瓜落花落果

开花后1~2周，当花器不完全或雌蕊退化都会导致落花现象。可进行人工授粉防治，方法：用毛笔逐株逐朵涂抹，用采粉盘收集所有花粉，再用毛笔逐株逐朵涂抹授粉。宜在晴天上午9点至11点进行，避免雨水冲刷掉花粉。

出现落花现象，可喷施促花王3号溶液。1瓶粉剂（20克）对500千克水溶解，1粒胶囊（16粒）对15千克水溶解；每隔10天喷施于作物顶梢，连续喷2次。

当已经受精的幼果在发育过程中停止发育时会造成落果现象，而造成的原因多数是由于氮素供应不足，或供应过重使得新梢生长过旺而夺走了果实发育所需的营养。可喷施壮果蒂灵溶液防治，每粒壮果蒂灵对15千克水，搅拌至溶解后，于幼果期、果实膨大期各喷施一次，可增粗果蒂，提高营养输送量。

2. 黄瓜只开花不结瓜是什么原因

黄瓜只开花不结果是因为植株上所开的花多为雄花，而真正能结瓜的雌花较少。导致这种现象的原因大多是因为在苗期时，由于苗床温度过高造成花芽分化不正常。

可适当延迟育苗时间，尽量避开高温期，白天温度尽量控制在25~30℃，夜温15~20℃，土壤湿度90%以上。同时喷施乙烯利200~500倍液或增瓜灵（每袋对5~6千克水），以促进花芽分化，增加雌花的数量；喷施时向叶面一扫而过，以叶面湿润不滴水为宜，每隔7~10天喷施一次，进行1~2次。已经结瓜的植株，应尽可能延长光照时间（忌强烈光照），适当控水，喷施助壮素（按10克对50~70千克水的浓度，向地面喷施，隔7~10天一次，进行1~2次）。

草莓

又叫红莓、洋莓、地莓等，有"水果皇后"的美名。草莓营养丰富，含有钙、铁、磷、锌等矿物质及多种维生素、17种氨基酸等。其中所含的维生素C含量比柑橘高3倍；所含的果胶及纤维素可促进胃肠蠕动，常食可防治便秘、痔疮、肠癌等；所含的胡萝卜素能改善夜盲症、皮肤粗糙等状况，食用有助于身体免受自由基伤害；所含的天冬氨酸既能清除体内重金属离子，又能增强肝脏功能及消除疲劳等；富含的鞣酸能在体内吸附并阻止致癌化学物质的吸收，常食能起到防癌的功效。

种植季节

南方多在9月下旬至10月上旬种植，50天左右果实成熟，可采收到第二年3月，采收2~3批；北方多在8月中旬至8月下旬种植，100天左右果实成熟，可采收到第二年6月，采收4~5批。

生长条件

草莓喜潮湿环境，不耐旱，较耐寒，怕水渍。发芽适温为20~25℃，生长适温为15~30℃，开花适温为15~25℃。30℃以上或5℃以下都对生长不利。

喜光，较耐阴。只有在光照充足的条件下植株才能生长健壮、花芽分化好；光照不足则出现植株长势弱、花芽分化不良、叶柄和花序梗细弱等症状，严重者形成匍匐茎（即茎细长柔弱，平卧地面蔓延生长）。尤其是在生长旺盛期和开花结果期需要充足光照，通常每天需12~15小时的较长日照（可安装白炽灯，每天尽量把光照延长到12~15小时，能提高产量）。

需要的材料及工具

1. 材料

2%~3%的过磷酸钙溶液，细沙，小石头，0.3%的高锰酸钾水溶液，一盆50~55℃的热水，菜园土（宜选用土层深厚、富含有机质的肥沃壤土，不宜选用种过马铃薯的土壤，以免染上马铃薯的病菌）。

营养土配制方法：将1份菜园土、1份2%～3%的过磷酸钙溶液、1份细沙混合成营养土，再掺入0.3%的高锰酸钾水溶液，按照每立方米营养土掺入120～150克的药量对营养土进行消毒。有条件者也可以加入适量饼肥。

2. 工具

湿布，水壶，细孔喷壶，湿报纸，园艺铲，小耙，4根小竹棍（高20～35厘米），细铁丝，麻绳，容器（可依栽种数量选择深度在20厘米以上的有孔容器）。

选择种子

草莓品种繁多，但所有品种都适合阳台种植，尤以四季草莓最适合阳台盆栽。

宜选择籽粒饱满、健壮的种子。

种植方法

1. 种子处理

清水浸泡24小时

草莓多直接购苗或引种栽培，也可育苗播种再进行移栽。由于草莓种子休眠期较长，为了提高种子出芽率，播种前应进行催芽。先用清水浸泡24小时，再捞起并用湿布包好，置于0～3℃冰箱或冷藏室进行30～50小时的低温处理，可打破种子休眠，促进出芽。

也可将种子倒进50～55℃的热水中浸泡15分钟，其间不停搅动至水温降至30℃左右；继续浸泡2～3小时，再捞出并用手轻轻揉搓至种皮干净呈现光泽，然后用清水冲净，用湿布包好，置于25～30℃环境下催芽。催芽期间每天早晚及中午各用温水冲洗种子一次，有60%～70%的种子露白即可播种。

50～55℃热水烫种15分钟

继续浸泡2～3小时

先装土至离盆沿6～7厘米以上
再撒营养土1～2厘米厚

2. 整理苗床

将容器盛入菜园土（距离盆沿6～7厘米以上），将营养土均匀地撒于苗床上，厚1～2厘米，并整匀耙平，浇透底水。

3. 播种育苗

（1）播种方法

多采取点播的方式，按间距10～15厘米挖小穴，每穴播2～3粒种子，播后覆盖一层0.1

厘米厚的营养土，再用细孔喷壶轻施一层薄水（不要把种子冲出）；也可不覆土，而直接覆盖一层湿报纸，使苗床保温、保湿。

间距10~15厘米
播后覆盖0.1厘米厚营养土

盖湿报纸

（2）苗床管理

播后将盆置于阳光充足处，20天左右可出芽。长出第1片真叶后、2~3片真叶前应进行疏苗，选留1株最健壮的苗，其余苗全部拔除。苗长出3~5片真叶时，可进行移栽定植。

4. 移栽定植

step1 选择健壮苗。直接购苗引种栽培的，更应注意严格挑选。以完整无病虫害、须根发达（有10条以上新根且白色吸收根多）、顶芽饱满、具有3~5片叶、叶柄短粗、茎粗0.8~1厘米、单株重25克左右的健壮苗为佳。

茎粗0.8~1厘米

step2 选择有孔容器，洗净，盆底垫上瓦片或填塞尼龙纱（有条件者可在盆底放一些碎骨、鱼粉、蛋壳等），再装入营养土（距离盆沿3~4厘米为宜）。种植单株的在中间挖8~10厘米深的穴，种植多株的按20~30厘米的间距挖穴。

距盆沿3~4厘米
穴深8~10厘米
有孔容器

step3 用水淋透苗床，待土变松软时用园艺铲在小苗根系周围5厘米的位置将小苗带土挖出，栽入备好的容器中已经挖好的坑穴。栽植时将根系垂直，让其舒展在穴内，并将植株扶正，用营养土填穴覆根，并稍压实，最后淋足定根水。为防止浇水时不小心把泥肥溅到草莓上，可在面上再铺设一层小石子。

日常管理

1. 温度控制

定植后,在夏、秋季烈日下最好使用遮阴网护苗,以免强光造成草莓萎蔫。冬季低温和夏季高温时,应把草莓盆搬到室内保温和阴凉处降温。

2. 浇水施肥

定植后应勤浇水,保持盆内土壤湿润。夏季应把盆放在阴凉处,每天早上及晚上各浇一次水。浇水时应将水晒暖,不能直接用冷凉的自来水或井水浇灌。结果后浇水应注意,不要把水溅到果上,以免造成腐烂。

苗长出2片真叶时,应进行第一次追肥,生长旺盛期和浆果膨大期应再结合浇水各追肥一次,采收后20天左右应进行根外追肥。肥水可用淘米水、洗鱼水等,将它们装入瓶内置于阳光下闷腐5~6天再用。也可使用2%过磷酸钙溶液或0.3%硫酸钾与0.3~0.5%尿素溶液混匀施用,每隔7~10天浇施一次,浓度不宜过高。

3. 中耕除草

定植成活后,应及时进行一次浅中耕。可在浇过水后待土不黏时用小耙轻轻浅耙松土,发现杂草应及时铲除。

4. 整枝造型

发现植株下部有开始变黄、叶柄基部也开始变色的叶片应及时摘除,同时摘去枯老枝叶,以减少病虫害。细长柔弱、平卧地面蔓延生长的葡匐茎对养分消耗很大,因此,新生的幼嫩葡匐茎应及时摘除,以减少养分消耗。如果不让其结果,则可以把葡匐茎留下,让其自然下垂生长,结合架果造型能弄出漂亮的草莓盆景。

造型方法：用4根小竹棍围绕植株插入盆缘植土内，除最上方用金属丝固定外，四周可用麻绳分段固定，以搭设环状支架。再将植株枝蔓引向支架，并用麻绳轻轻捆绑于架上。采用"8"字形捆绑，以免茎蔓变粗影响生长。

5. 疏花疏果

进入花果期，每穗花序上保留2～3个花序，每一花序保留4～5个果，将弱、瘦、畸形果摘去，尽量留好果。坐果后，将果实轻轻引向造型架上，既可美观造型，又可保持通风、避免烂果等。

6. 过冬防冻

秋季天气转凉后，应在植株根部铺设一层土，以防霜冻。土壤上冻后，在植株根部再铺一层3～4厘米的干草（或草帘子）。第二年开春后，当新叶长出后再移去覆盖物。气候转暖稳定后，再移去植株表层的覆盖土。

铺3～4厘米厚

7. 换盆重栽

草莓属多年生草本植物，一般栽植后可收获2～3年的果实。一般第一年收获果实较少，第二年收获最多，第三年及以后产量明显下降则需要把植株替换掉。

方法：盆内重新装入营养土，用同样的方法把新苗重新栽进盆内，并浇透底水。

采收方法

草莓应适时采收，七成红时采摘，风味自然减淡；完全成熟后采摘，果皮变软易伤果及烂果。一般在果实90%～95%的成熟度时采摘最好，此时果面基本着色，但尚未出现局部暗红色。采摘时应在晴天早上露水干后气温升高之前或傍晚气温较低时进行，因为气温较低时果皮坚硬，不容易伤果。

采摘时连同花萼自果柄处剪下，避免手与果实接触。一般室温下只能存放1～2天，为延长存放时间，可挑选完整无损、无病虫的果实置于5℃左右（不要降至3℃以下）冰箱或冷藏室存放。

常遇问题解答

草莓为什么会出现畸形果

在栽培过程中，如管理不当，草莓结果常形成如下畸形果现象。

乱形果：顶端产生鸡冠果或双子果等乱形果。这是因为过量施用氮肥而影响了植株对硼元素的吸收，当过量施用氮肥或缺硼时导致乱形果发生。植株生长素含量高，花芽分化前生长点则呈带状扩大，花芽分化时两朵花或两朵以上的花同时分化、现蕾时伸出的花梗同时开放，就形成了鸡冠果或双子果等乱形果。防治方法就是增施硼肥，控制氮素肥料的施用。

凹陷或凹凸果：周围果肉不膨大，果面呈凹陷或凹凸。这是因为开花期植株在35℃以上的高温或0℃以下的低温时，花粉发芽受阻，又缺乏媒介昆虫授粉所致。防治方法就是，开花期尽量把白天温度控制在23～25℃，夜间5℃以上。如无昆虫授粉，可进行人工授粉防治，方法是用毛笔逐株逐朵涂抹，用采粉盘收集所有花粉，再用毛笔逐株逐朵涂抹授粉。宜在晴天上午9点至11点进行，避免雨水冲刷掉花粉。

顶端透明软质果：果实顶端质软，不着色，呈透明状。主要因缺乏光照条件、结果期温度低等环境条件所致。防治方法是，常摘除老叶，整理枝蔓，保持良好的光照条件；结果期白天温度控制在23～25℃，夜间5℃以上，保持土壤水分及温度。

种子外露果：种子大部分突出浆果表面，且果型较小。这是因为果实发育过程中，高温干旱使生长发育受阻。防治方法为，合理密植，高温干旱时应及时浇水，开花结果多时应进行疏花疏果，除去弱、瘦、畸形果。

小南瓜

南瓜营养丰富，所含维生素A超过绿色蔬菜（维生素A具有使皮肤柔软细嫩、防皱去皱等多种美肤功效），被称为"最佳美容食品"。含钙、磷、锌、铁、钴等元素及B族维生素、维生素C以及人体所需的多种氨基酸等。其中富含的锌为人体生长发育的重要物质，有益皮肤、助指甲健康等功效；所含的果胶能黏附体内细菌毒素及吸附重金属中的铅、汞和放射性元素等，具有排毒解毒的功效。小南瓜的营养成分较一般南瓜更高，所含的不饱和脂肪酸可以通便利尿，常食还有利于保持苗条的身材。

种植季节

一般进行春播和秋播（多实行春播）。春播于4月中下旬播种，温室可提前到3月中下旬播种；秋播于8—9月播种（海南地区9月中旬至第二年1月上旬播种）。

播种后需2~3个月可收获嫩瓜，采收老瓜的需要3~4个月时间。

生长条件

小南瓜对环境条件的要求同一般南瓜相似。耐旱能力强，不耐涝，故喜欢较高温度及较干燥的环境条件。种子在13℃以上条件下就可开始发芽，发芽最适宜温度为25~30℃；生长最适宜温度为18~32℃；开花结果期最适宜温度为25~27℃，低于15℃或高于35℃则易落花落果、果实停止发育等。

属短日照作物，喜光，对光照强度要求严格。在光照充足的条件下生长良好，果实发育快、品质好；在弱光条件下生长瘦弱，易徒长并引起化瓜（瓜长到一定大小时，生长停止并逐渐变黄萎缩至干枯或脱落）。但在高温环境下，阳光强烈则易造成植株萎蔫。

需要的材料及工具

1. 材料

腐熟有机肥或生物有机肥，一盆50~55℃的热水，椰糠，土菌灵或多菌灵或百菌清1000倍液，0.1%高锰酸钾溶液或10%磷酸三钠溶液，菜园土（宜选用近5年内未种过葫芦科作物的肥沃沙质壤土）。

营养土配制方法：按腐熟有机肥或生物有机肥8%~10%、椰糠35%、菜园土

55%～57%的比例混合配制。再掺入20%土菌灵或50%多菌灵或75%百菌清1000倍液，搅拌均匀，以对营养土进行消毒。（使用生物有机肥的营养土不要用药剂消毒，以免杀灭其中的有益微生物，但必须先堆沤7～10天后再使用）

2. 工具

水壶，4根竹竿（高约1.2米），麻绳，细铁丝，园艺铲，小耙，容器（可依栽种数量选择长、宽、高均在40厘米以上的有孔容器）。

选择种子

小南瓜是从日本、韩国及我国台湾地区等引进的杂一代南瓜，因果型小，单果重1～1.5千克，所以统称为"小南瓜"。优良品种有金瓢南瓜、东升南瓜、迷你小南瓜等。其中迷你小南瓜是一种观赏兼食用的微型南瓜，结果力强，是阳台盆栽最适合的品种。

南瓜种子

宜选粒大饱满、无破损、无虫害的健康种子。

种植方法

1. 种子处理

于晴天上午10点前将种子曝晒2小时，再浸泡于50～55℃的热水中约15分钟，其间不断搅拌至水温降至30℃左右，再捞出并浸泡于0.1%高锰酸钾溶液或10%磷酸三钠溶液中15～20分钟，捞出后用清水冲净，继续用清水浸泡6～8小时，再捞出，稍晾干，置于25～30℃环境下催芽，大约3天后有70%种子露白即可播种。

50～55℃热水浸种15分钟

高锰酸钾溶液浸泡15～20分钟

继续用清水浸泡6～8小时

2. 整理苗床

将容器盛入菜园土（距离盆沿8～9厘米以上），将营养土均匀地撒于苗床上，厚1～2厘米，并整匀耙平，浇透底水。

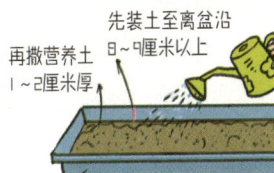

先装土至离盆沿8～9厘米以上

再撒营养土1～2厘米厚

3. 播种育苗

（1）播种方法

可直播也可育苗移栽，多采取点播的方式。播种时注意将种子平放，胚根朝下。秋播时可据天气情况使用遮阴网遮护，春播低温时可覆盖地膜。待出苗70%左右应及时揭除地膜，苗长

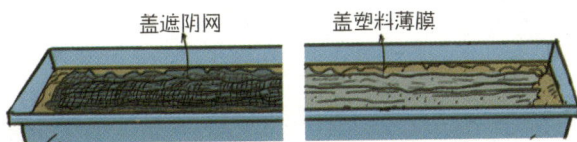

盖遮阴网

盖塑料薄膜

出1片真叶时撤除遮阴网。

直播：按株距80厘米、行距50厘米进行点播，每穴播2~3粒，播后覆盖一层1~1.5厘米厚的营养土，再浅浇薄水。5~7天出苗，幼苗长出1~2片真叶时，每穴选留1株壮苗，其余拔除。

播后覆盖1~1.5厘米厚营养土
间距10~15厘米

育苗移栽：按间距10~15厘米挖小穴，每穴播1粒种子，播后覆盖一层1~1.5厘米厚的营养土，再浅浇薄水。

（2）苗床管理

播后应勤浇水，以保持苗床见干见湿为宜，天气干旱时可每天早晚各浇一次水。出苗至破心期，可淋施0.5%三元复合肥溶液，并于晴天喷施1~2次0.3%磷酸二氢钾溶液。为防治病虫害，苗期每周结合浇水喷施多菌灵或百菌清500倍液与复合优质叶面肥混合液。

也可从苗期开始至整个生长期，每隔10~15天喷施一次0.3%印楝素乳油（100毫升药对800~1000毫升水），连续喷施5~6次，可驱避虫害，做到基本无虫害发生。需要注意的是，印楝素不能与碱性的水混合，如水偏碱性，可加入米醋（100~150克米醋/15千克水）调整。

晴天高温应注意防烧苗，阴雨天应通风降湿。出苗前白天温度尽量控制在25~30℃，夜温15~20℃；出苗后白天温度20~25℃，夜温15℃左右。苗长出2~3片真叶时，可进行移栽定植。

4. 移栽定植

step1 选择有孔容器，洗净，盆底垫上瓦片或填塞尼龙纱，再装入营养土（至盆沿3~4厘米为宜）。种植单株的在中间挖5~7厘米深的穴，种植多株的按株距80厘米、行距50厘米挖穴。

距盆沿3~4厘米
穴深5~7厘米

step2 用水淋透苗床，待土变松软时用园艺铲在小苗根系周围5厘米的位置将小苗带土挖出，栽入备好的容器中已经挖好的洞穴。栽植时不宜过深，以两片子叶露出地面为宜。将根系垂直，让其舒展在穴内，并将植株扶正，用营养土填穴覆根，并稍压实，最后淋足定根水。

日常管理

1. 浇水施肥

定植后10～15天，可喷施0.5%的尿素溶液。藤蔓长至30厘米时，结合浇水追施硫酸钾和磷酸二铵各14～15克/平方米。坐瓜后，结合浇水，每6天追肥一次，用尿素、氯化钾、钙镁磷肥（各按7克/平方米用量）连续追肥3～4次；先浇水，再施肥，肥料不要沾根，施肥后结合培土护根。以后根据植株长势和坐果情况进行追施肥水。

2. 整枝摘蔓

在真叶出现6～8片时进行摘心（摘去植株顶尖），以促进侧蔓生长。通常整枝打蔓时有单蔓式和双蔓式。

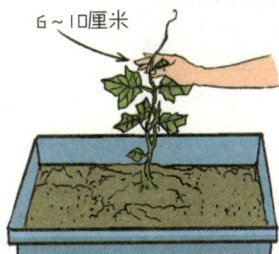

6～10厘米

单蔓式整枝

双蔓式整枝

单蔓式：只保留1条主蔓，其余侧蔓全部摘除。采用这种整枝方式，通常果实较小，坐果率不高，但成熟较早。

双蔓式：保留主蔓和主蔓基部1条健壮侧蔓，其余侧蔓摘除。这种整枝方式，雌花较多，主侧蔓均能坐果，果型较大。

3. 搭架绑蔓

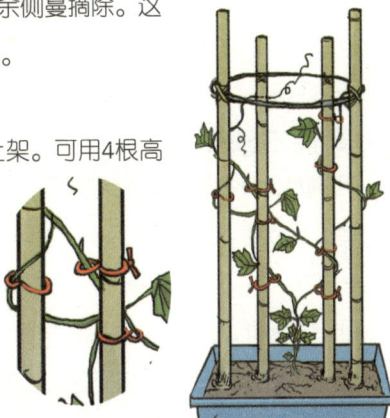

当蔓长到2米时，应架设支架，并将藤蔓引绑上架。可用4根高约1.2米的竹竿围绕植株插入盆缘植土内作支柱，以增加结果时的承受力。搭架时，除最上方用金属丝固定外，四周可用麻绳分段固定，以搭设环状支架。再将植株藤蔓引向支架，并用麻绳以"8"字形将茎蔓轻轻捆绑于架上。

4. 人工授粉

开花初期应进行人工辅助授粉，可促进坐瓜。南瓜花都是在早晨6点以前开放，为提高授粉效果和坐果率，人工授粉应在早晨9点前完成。

人工授粉方法：用毛笔轻触雄花花蕊，蘸取花粉后再轻刷于雌花花蕊上。也可把雄花直接摘下，撕去花瓣后直接对着雌花，让花粉粒落在雌花柱头上（雌花通常比雄花大，且雌花花托部位带小瓜）。

5. 遮瓜

果实发育后期，应把瓜支于架上（不要窝趴于地上），并采取遮阴措施，使果实着色均匀，防止烂瓜及日灼等。

采收方法

采收嫩瓜的，一般在开花后20天左右采收；采收老瓜的，在开花后40～50天采收，以瓜充分膨大、瓜梗网状龟裂木质化、瓜皮呈品种特有的红色或墨绿色或青绿色为宜。

采收时保留2～3厘米长的果柄，用剪刀剪下或用刀割下即可。

常遇问题解答

小南瓜为什么只开花不结瓜

南瓜、黄瓜、丝瓜等有些花只开花不结瓜，是因为这些花都是雄花，而植株上结瓜的雌花少。这种不结瓜的花俗称为"谎花"。

出现这种现象，可采用上文中的"人工授粉"方法，或使用2.2%防落素500倍液（或20%苯乙酸1200倍液）喷施于花的柱头上，以促进结瓜。

毛豆

俗称大豆、黄豆。籽粒鼓满期至初熟期之间收获的为鲜食用的大豆，又称为菜用大豆、枝豆等；老熟后收获的称为黄豆。富含蛋白质和人体所需的多种氨基酸，还含有多种维生素、无机盐等营养成分。其中富含的食物纤维不仅能改善便秘，还有利于血压及胆固醇的降低，对肥胖、高血脂等均有预防和辅助治疗的功效；所含黄酮类化合物在人体内具有雌激素作用，可改善女性更年期的不适；所含的卵磷脂是大脑发育不可缺少的营养之一，常食可改善大脑记忆力及智力水平。

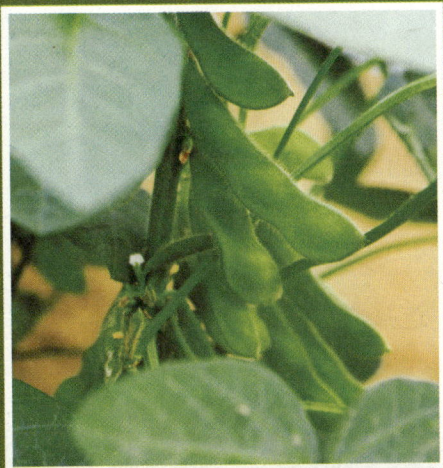

种植季节

可实行春、夏、秋季播种，以春播最多。春播一般于3月下旬至4月上旬实行，夏播于5—6月实行，秋播于7—8月实行。

从播种至分批采收，需要60～90天。

生长条件

毛豆喜温喜湿，但怕旱怕涝。种子在10～11℃开始发芽，发芽最适宜温度为20～22℃；生长和开花结荚的适温为20～25℃，低于14℃则不能开花；生长后期对温度敏感，温度过高则提早结束生长，温度过低则种子不能完全成熟，在1～3℃时植株受害，-3℃时植株被冻死。

对光照长短要求不严，春、夏、秋季种植均能开花结荚，多数品种在光照12小时的条件下可起到促进开花、抑制生长的作用。

需要的材料及工具

1. 材料

磷酸二铵（1千克/立方米），硫酸钾（0.5千克/立方米），1%福尔马林溶液，50%多菌灵可湿性粉剂，金都尔1000倍液或90%禾耐斯乳油1000倍液，土壤（毛豆主根入土深，需选择深厚、疏松、肥沃的壤土或沙壤土）。

营养土配制方法：将6份种植土、1份草木灰混匀配制成床土，每立方米床土按1千克磷酸二铵、0.5千克硫酸钾的用量加入肥料，整细混匀配制成营养土。每千克营养土再掺入5克50%多菌灵可湿性粉剂，堆积10天左右，进行消毒（注意营养土肥量不要过多，以免过肥烧根）。

2. 工具

湿布，水壶，园艺铲，小耙，容器（可依栽种数量选择长、宽均在60厘米以上、高在80厘米以上的有孔容器）。

选择种子

一般按生育期长短分为早熟品种、中熟品种和晚熟品种。春播的一般用早熟品种，生育期70～85天；夏播的一般用早中熟品种，生育期80～100天；秋播的一般用中晚熟品种，生育期110～120天。

精选种子，剔除细粒、瘪粒、破碎粒、菟丝子种子（别称豆寄生，非毛豆种子）、虫蛀粒等。

毛豆种子

种植方法

1. 种子处理

播种前可选择晴天将种子在阳光下曝晒1～2天，洗净，用清水浸泡2～3小时，然后捞出、沥干水后置于20～22℃的环境下催芽，大约20个小时种子萌芽后即可播种。

福尔马林溶液浸泡20分钟　　　　　用清水浸泡2～3小时

2. 整理苗床

将容器盛入植土（距离盆沿8～9厘米以上），将营养土均匀地撒于苗床上，厚1～2厘米，并整匀耙平，喷施底水。需要注意的是，播种时水分充足出苗快而齐，但水分过多则易引起浸种后的毛豆种子腐烂，因此，底水以土壤湿润为宜。

先装土至离盆沿8～9厘米以上再撒营养土1～2厘米厚

3. 播种育苗

（1）播种方法

可直播，也可播种育苗后移栽，多采用点播。

直播：早熟品种按株距23厘米、行距23厘米，晚熟品种按株距30厘米、行距35厘米进行不打穴或浅穴点播，每穴播2～3粒种子。播后用厚约2厘米营养土覆种。

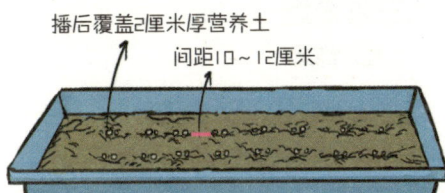

育苗移栽：按间距10～12厘米进行不打穴或浅穴点播，每穴播2～3粒种子。播后用厚约2厘米营养土覆种。

播后覆盖2厘米厚营养土
间距10～12厘米

（2）苗床管理

播后4～5天应及时查苗、补播，并适时用小耙松土、培土。

苗长出2～3片真叶时，每穴选1株健壮苗带土移栽；直播的进行间苗及疏苗，拔除弱、小、病苗等，选留1株健壮苗。

4. 移栽定植

step1　选择有孔容器，洗净，盆底垫上瓦片或填塞尼龙纱，再装入营养土（距离盆沿3～4厘米为宜）。种植单株的在中间挖5～7厘米深的穴，种植多株的按25厘米的间距挖穴。

距盆沿3～4厘米
穴深5～7厘米

step2　用水淋透苗床，待土变松软时用园艺铲在小苗根系周围5厘米的位置将小苗带土挖出，栽入容器中已经挖好的洞穴。栽植深度以子叶（即发育时的第一片叶或第一对叶子）距地面约1.5厘米为宜。栽植时将根系垂直，让其舒展在穴内，并将植株扶正，用营养土填穴覆根，并稍压实，最后淋足定根水。

距地面约1.5厘米

日常管理

1. 浇水施肥

毛豆苗期对水分要求不高，平时保持湿润即可，但开花结荚期需水量较多。切忌土壤过干过湿，过干会影响花芽分化，造成开花减少，花荚脱落等；过湿造成积水，易使豆荚产生黑斑，影响质量。

定植缓苗后，可按14～15克/平方米用量施用尿素；初花期和盛花期应进行根外追肥，以喷施钼酸铵和尿素为主，浓度不要超过0.3%。初花期可喷施1次多效唑（每千克水加250毫克药剂），能使植株矮壮多蘖、根系发达，增加产量。

2. 中耕培土

开花前每隔10～15天用小耙进行中耕松土，深度5～10厘米，以"近根处稍浅"为原则，注意不要伤及根系，且多在晴天上午10点至下午3点左右进行最佳。同时进行培土，铲除杂草，并浇水促生长。

深度5～10厘米

3. 摘心打顶

先找到植株最顶端那一荚，把已经结荚的小豆荚上部还在开花的整个生长点摘除1～2厘米即可。一般在上午进行，可减少落花、瘪荚等，使豆荚成熟一致，提早成熟，提高产量。

采收方法

豆荚应适时采收，过早则影响产量，过迟则豆籽坚硬、品质差。一般当豆荚由扁变圆、荚壳由深绿色变为黄绿色、豆籽仍保持绿色、豆仁四周仍带种衣时采收最佳。

1～2厘米

采收时宜在早晨或傍晚温度较低时，不宜在中午进行，以免温度高水分蒸发容易伤枝。采摘时宜用剪刀轻轻将荚剪下或用刀割下，不宜强拉硬拽。

扁豆

又叫南扁豆、蛾眉豆、羊眼豆、茶豆、鹊豆、南豆、小刀豆、树豆、藤豆等。营养丰富，含钙、磷、铁及维生素A、维生素B₁、维生素B₂、维生素C、酪氨酸酶、食物纤维等。其中所含的淀粉酶抑制物具有降低体内血糖的作用；所含的多种微量元素能刺激骨髓造血组织，提高造血功能，能有效地减少白细胞症状；所含的植物血细胞凝集素能使癌细胞发生凝集反应，增强对肿瘤的免疫能力，能起到抑制肿瘤、防癌抗癌的效果。

种植季节

一年四季均可栽培，多实行春、夏季栽培，以夏季为主。春播一般于3月上旬至4月中下旬实行，5月底至6月中旬开始收获；夏播一般于5—7月实行，8月底至9月初收获。秋冬播种一般于10月上旬于室内保温条件下实行，12月下旬开始结荚，第二年2—5月收获。

生长条件

喜温暖环境，耐热、较耐干旱，不耐寒、不耐涝；能耐35℃左右的高温，遇霜则枯死。发芽适温为22~25℃，生长适温为20~30℃，开花结荚适温为16~27℃，以18~25℃为最适宜，低于15℃或高于28℃都不利于开花结荚，会加重落花落荚现象，高于32℃时不仅造成大量落花落荚，还会影响嫩荚的品质。

属短日照作物，较耐阴，开花时短日照有利于花芽形成。

需要的材料及工具

1. 材料

过磷酸钙（0.5~1千克/立方米），草木灰（5~8千克/立方米），绿亨4号600~800倍液，0.1%阿维菌素粉剂，一盆45℃的热水（或40%福尔马林200倍液），菜园土（对土壤要求不严，以疏松、肥沃的土壤最佳）。

营养土配制方法：用菜园土，再按每立方米土加过磷酸钙0.5～1千克、草木灰5～8千克、绿亨4号600～800倍液、0.1%阿维菌素粉剂6千克，一起拌匀后堆制1个月，并用塑料薄膜密封。

2. 工具

湿布，水壶，园艺铲，小耙，塑料薄膜，2根竹竿（高约1.8米），容器（可依栽种数量选择长、宽、高均在35厘米以上且具有排水孔隙的容器）。

选择种子

按蔓的长短分为长蔓品种和短蔓品种。长蔓品种蔓长可达3～4米，栽培较普遍；短蔓品种蔓长50～60厘米，很少栽培。

按荚色又可分为白扁豆、青扁豆和紫扁豆三种。

白扁豆　　青扁豆　　紫扁豆

宜选择籽粒整齐、饱满、无虫害的健康种子。

种植方法

1. 种子处理

先将种子倒入45℃的热水中浸泡15分钟，其间不停搅拌直到水温降至30℃左右；或者用40%福尔马林200倍液浸种，30分钟后再捞出，用清水冲净、稍晾干。

45℃热水浸泡15分钟

20～30℃温水浸泡2小时

低温季节播种前应进行催芽，将经过上面方法消过毒的种子置于25～30℃温水中浸泡2小时，再捞起沥干水，置于20～25℃环境下催芽，1～2天后有1/4种子露芽即可播种。高温季节则不需要催芽，可直接将消过毒的种子进行播种。

2. 整理苗床

将容器盛入菜园土（距离盆沿8～9厘米以上），将营养土均匀地撒于苗床上，厚1～2厘米，并整匀耙平，浇透底水。

先装土至离盆沿8～9厘米
再撒营养土1～2厘米厚

3. 播种育苗

播后覆盖2厘米厚营养土
间距10～12厘米

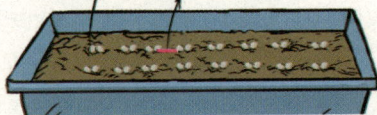

（1）播种方法

可直播也可播种育苗后移栽，多采用点播。

直播：按35～40厘米穴距浅挖小穴，每穴播2～3粒种子。播后用厚约2厘米营养土覆种。

育苗移栽：按间距10～12厘米浅挖小穴，每穴播2～3粒种子。播后用约2厘米厚营养土覆种。

（2）苗床管理

苗期需水较少，苗出土后可追施一次腐熟的饼肥(70克/平方米)和磷肥(40克/平方米)。

播后温度较低或较高时（如夏播或秋冬播种），可使用塑料薄膜或遮阴网等覆盖，尽量控制在白天25～30℃、夜晚20℃左右；苗出土后适当降低温度，以防徒长，白天控制在22～25℃，夜晚14～16℃。

移栽前7天左右，应开始通风炼苗。

盖塑料薄膜　　　　　　　　　　盖遮阴网

苗长出2～3片真叶时，每个苗坨上留2株健壮苗带土移栽；直播的进行间苗，拔除弱、小、病苗等，选留1株健壮苗。

4. 移栽定植

距盆沿3～4厘米
穴深5～7厘米

step1 选择有孔容器，洗净，盆底垫上瓦片或填塞尼龙纱，再装入营养土（至盆沿3～4厘米为宜）。种植单株的在中间挖5～7厘米深的穴，种植多株的按35～40厘米的间距挖穴。

step2 用水淋透苗床，待土变松软时用园艺铲在小苗根系周围5厘米的位置将小苗（每2株）带土挖出，栽入容器中已经挖好的洞穴。栽植时将根系垂直，让其舒展在穴内，并将植株扶正，用营养土填穴覆根，并稍压实，最后淋足定根水。

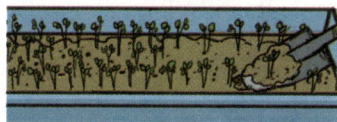

日常管理

1. 浇水施肥

缓苗期，秋冬季连浇2次水，据土壤湿度隔几天浇一次；冬春季和越冬期实行每穴浇水1～2次。缓苗后选留1株健壮苗，并及时浇缓苗水，之后控水蹲苗。茎叶、荚快速生长期，每隔10天浇一次水，浇水时浇荚不浇花，以保持土表见干见湿为宜。

第1花序坐荚（长成荚）后，应结合追肥浇促荚水，按70克/平方米用量用水冲施腐熟豆

饼肥，以后每隔30天左右顺水冲施一次复合肥（按20克/平方米用量）。

2. 中耕除草

每次追加肥水后，待土壤不黏时，用小耙轻轻松土，顺便铲除杂草，可防止落花落荚及徒长。中耕松土时宜浅，防止伤根。

3. 立柱引蔓

当苗长至30厘米左右，应及时立柱绑蔓，因为扁豆生长快，分枝性强，植株匍匐在地上生长，整理时极易弄断茎蔓，从而影响到植株生长及产量。通常用2根高1.8米左右的竹竿围绕植株插入盆缘植土内作支柱，并用麻绳以"8"字形将植株茎蔓捆绑于架上。捆绑时稍留植株生长空间，不要捆缚太紧。

4. 摘心整枝

一般在蔓长50厘米左右进行摘心（将6~10厘米顶尖摘除），离地面10厘米处留2~3枝健壮蔓，其余摘除。当侧枝的叶腋间发生二级分枝、该分枝长有3~4片叶时再摘心，发生三级分枝、该分枝长有3~5片叶时再摘心，可促其多生侧蔓，实现早产、丰产。

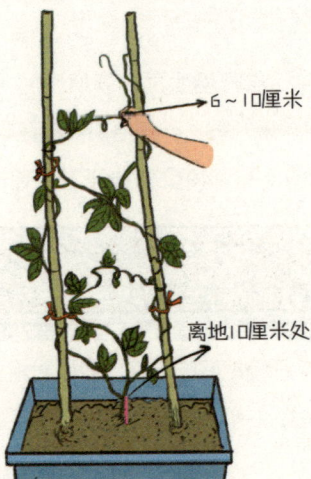

6~10厘米

离地10厘米处

整枝时顺便摘除老叶、病叶等，并疏开过密枝叶。

采收方法

豆荚要及时采摘，以免老化，影响食用品质。一般开花13~17天时，豆荚充分长大、豆粒初显时采收最佳。

采摘时一手捏住果序，一手轻摘豆荚或用剪刀剪下，尽量不要损伤果序，以免影响继续开花及结果。

蚕豆

又叫罗汉豆、川豆、佛豆、胡豆等。营养丰富，含有大量钙、锌、锰、磷脂及八种人体必需氨基酸等成分，常食具有调节大脑和神经组织的功效。还富含胆石碱，具有增强记忆力的健脑功效。蚕豆皮中所含的粗纤维还有利于降低胆固醇、促进肠蠕动、改善血糖等，对防治便秘、痔疮、结肠和直肠癌、冠心病及减轻糖尿病等均有作用。含大量的钾、镁、维生素C、蛋白质等，其中蛋白质含量仅次于大豆，所含的维生素C是活性很强的还原物质，具有抗老化功效。

种植季节

南方多在9月中下旬至10月上旬播种，北方多在清明前后实行春播。

一般从播种到收获，需要7～8个月时间。

生长条件

蚕豆喜温暖湿润的环境，不耐暑热高温，忌干旱、忌水渍。4℃左右开始发芽，发芽最适温为16℃；生长适温为20～25℃，－4℃时叶片受冻，－7～－5℃茎顶端枯死；开花结荚适温为16～22℃，低于15℃不能正常授粉导致结荚较少，高于27℃则开始出现热害。

属喜光长日照作物，整个生长期间都需要充足的阳光，尤其是开花结荚期及鼓粒灌浆期需要充足光照，否则易出现大量落花落荚等现象。

需要的材料及工具

1. 材料

过磷酸钙（0.5～1千克/立方米），草木灰（5～8千克/立方米），绿亨4号600～800倍液，0.1%阿维菌素粉剂，一盆50～55℃的热水，菜园土（以微碱性、肥沃、土层深厚且连续2季以上未种过蚕豆的黏壤土为佳，酸性过大可施3%石灰水）。

营养土配制方法：用菜园土，再按每立方米土加过磷酸钙0.5～1千克、草木灰5～8千克、绿亨4号600～800倍液、0.1%阿维菌素粉剂6千克，一起拌匀后堆制1个月，并用塑料薄膜密封。

2. 工具

湿布，水壶，园艺铲，小耙，塑料薄膜，容器（可依栽种数量选择长、宽、高均在20厘米以上且具有排水孔隙的容器）。

选择种子

青皮蚕豆

白皮蚕豆

红皮蚕豆

按蚕豆的皮色分为青皮蚕豆、白皮蚕豆、红皮蚕豆等，按用途又分为食用蚕豆、菜用蚕豆、饲用蚕豆及绿肥蚕豆。阳台栽种一般用于食用，可选食用蚕豆品种，以大粒品种栽种为主。

以粒大饱满、无虫眼、无霉变、无病斑且适宜当地种植的品种为佳。

种植方法

1. 种子处理

蚕豆种皮厚而强，播种前需进行种子处理及催芽。

选择晴天的太阳下将种子曝晒4~6小时，再把种子倒进50~55℃的热水中浸泡15分钟（可全部杀死蚕豆蟓），不断搅拌至水温降至30℃左右再继续浸泡36小时。浸种其间每3~4小时淘洗并换水一次，直到蚕豆泡涨、切开断面无白心、平嘴处皮壳未开

50~55℃热水
烫种15分钟

继续浸泡36小时

裂时结束浸种。捞出蚕豆并沥干水，用湿布包好，置于25℃环境下催芽，1~2天有一半以上的种子露白即可播种。

2. 整理苗床

距离盆沿5~6厘米

蚕豆一般实行直播。选择有孔容器，洗净，盆底垫上瓦片或填塞尼龙纱，再装入营养土（至盆沿5~6厘米为宜），整匀耙平，浇透底水。

3. 播种方法

多采用点播方式。盆栽单株的，实行单穴播种2～3粒；种多株的，按株距30厘米、行距50厘米进行穴播，每穴2～3粒。播后用营养土覆种厚3～4厘米，并及时浅浇水，以保持土表湿润为宜。

覆盖3～4厘米厚营养土

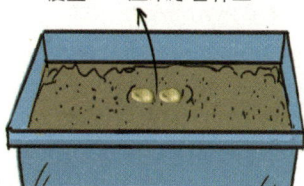

日常管理

1. 浇水施肥

播后1～2天要勤浇水，以利种子发芽出土，浇水以保持土壤湿润为宜。生长期间应据土壤及天气情况控制水量进行浇水。从现蕾开花开始，应勤浇水，以保持土壤湿润为宜。

苗长出3～4片叶时，按50克尿素对10千克水的浓度追施尿素。花蕾期，施用过磷酸钙（7克/平方米）和硫酸钾（4～5克/平方米），对适量水泼浇。结荚期，每隔10天追施一次复合肥。为减少落花落荚，还可喷施0.2‰的钼肥或0.2%的磷酸二氢钾，进行根外追肥。

2. 中耕除草

苗期、生长期及后期，每次追施肥水后，待土壤不黏时，用小耙轻轻松土，顺便铲除杂草。中耕松土时宜浅，防止伤根。

3. 补苗间苗

出苗后应及时查苗补缺，并结合培土用小耙进行中耕松土；苗长出2～3片真叶时进行间苗，拔除弱、小、病苗等，选留1株健壮苗。

4. 去主茎

主茎高10厘米以上时，应适时用刀从主茎离地10厘米处割下，使养分集中供给分生的次生茎，促进多开花多结果。初花期发生的分枝很少开花，却与有效枝争光、争水、争肥，应将这些细嫩小分枝也除去。

离地10厘米处

5. 摘心打顶

开花结荚时，如养分不能集中供给开花结荚的需要，常会导致落花落荚等现象。因此，当主茎长有6～7片叶、基部有1～2个分枝芽时应进行摘心。摘心时应选晴天进行，每个分枝留5～6个花托，摘除6厘米左右顶芽。打顶后基部无效分枝会迅速增生，应注意及时掰除，以利养分向荚部输送。

6厘米左右

采收方法

采收嫩荚的，当豆荚充分长大、籽粒较饱满时，每隔7～8天采收一次，采收时应自下而上（因为下面的比上面的成熟早）。采收老熟豆荚，在正常气候条件下，当叶片凋落、豆荚变黑褐色时应及时采收，以免蚕豆成熟后豆荚落粒，也可适当提前采收。

丝瓜

又称吊瓜、水瓜、蛮瓜、布瓜、天络瓜、天丝瓜、天罗瓜、喜瓜、倒阳菜、胜瓜等。含钙、磷、铁、B族维生素、维生素C、木糖胶、苦味质、瓜氨酸等，其中富含的B族维生素有助于防止肌肤老化，对中老年人大脑健康及儿童大脑发育等有帮助；所含的维生素C既可抗坏血病、预防各种维生素C缺乏症，对肌肤还具有美白祛斑等多种美容功效。还含有防癌、抗病毒的干扰素等特殊成分。另外，丝瓜藤茎中的汁液还具有使肌肤保持弹性的特殊功效，尤其是能获得显著的去皱效果。

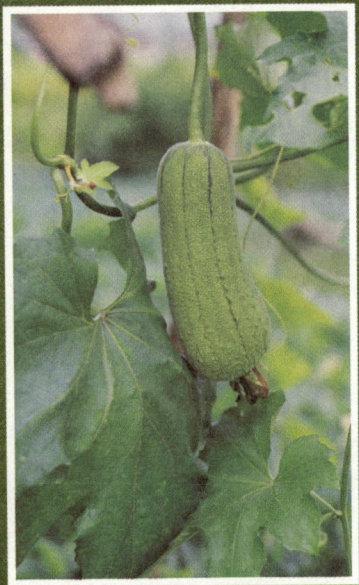

种植季节

一般实行春、夏季播种，春播多于3月上中旬实行，夏播多于7月中下旬至8月上中旬实行。

播种后需要4~5个月才能收获。

生长条件

丝瓜喜肥、喜温暖环境，耐高温高湿，忌低温，对土壤适应性广。种子发芽适温为25~28℃；生长适温为18~24℃，低于15℃生长缓慢，低于0℃则受冻害致死亡。结瓜适温为25℃左右，超过30℃对丝瓜授粉受精有不良影响。

喜强光短日照，长日照生长缓慢。开花坐果期需较高温度和较强的光照，一般每天光照不少于8小时；在晴天光照充足的条件下有利于丰产，连续的阴雨天或过度遮阴会造成落花落蕾等现象。

需要的材料及工具

1. 材料

过磷酸钙（2千克/立方米），硫酸钾（1千克/立方米），50%多菌灵可湿性粉剂（60~80克/立方米），97%恶霉灵可湿性粉剂2500~3000倍液，一盆50~60℃的热水，

10%磷酸三钠溶液，菜园土（宜选择未种过瓜类且土层深厚、潮湿、富含有机质的沙质壤土）。

营养土配制方法：用菜园土，再按每立方米土加过磷酸钙2千克、硫酸钾1千克、50%多菌灵可湿性粉剂60～80克，混合拌匀配制成营养土。

2. 工具

水壶，2根竹竿（高约1.8米），麻绳，园艺铲，小耙，湿布，容器（可依栽种数量选择深度在25厘米以上的容器）。

选择种子

一般分为普通丝瓜和有棱丝瓜两类品种。

普通丝瓜：长圆筒形，皮光滑无棱、具有细皱纹；嫩果有密毛，皮薄，肉细嫩，易受瓜蝇所害。

有棱丝瓜：棒形，皮有明显的棱角，果皮厚，瓜蝇不能在幼果中产卵。

普通丝瓜　　　　　有棱丝瓜

宜选粒大饱满、无病菌的种子。

种植方法

1. 种子处理

将种子放在太阳下晒种2～3天，再放进50～60℃的热水中浸泡20～30分钟，不停搅拌直至水温降至30℃；继续浸泡3～4小时，再将种壳表面的黏液搓洗掉，捞起，稍沥干，放进10%磷酸三钠溶液中浸泡15～20分钟消毒，捞起并用清水冲净；稍沥干水后用湿布包好，置于28～30℃的环境下催芽。待有2/3的种子露芽即可播种。

50～60℃热水浸泡20～30分钟

继续浸泡3～4小时

磷酸三钠溶液浸泡15～20分钟

2. 整理苗床

容器盛入菜园土（距离盆沿8～9厘米以上），将营养土均匀地撒于苗床上，厚1～2厘米，并整匀耙平，再划割成长、宽均在10厘米规格的小方块（方便取苗时带土块），并浇透底水。

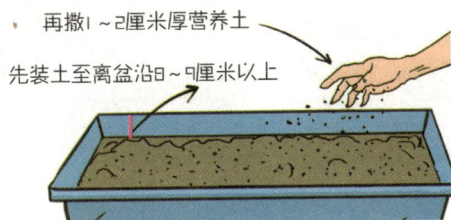

再撒1~2厘米厚营养土

先装土至离盆沿8~9厘米以上

宽10厘米 长10厘米

3. 播种育苗

（1）播种方法

播后覆盖1~2厘米厚营养土

盖塑料薄膜

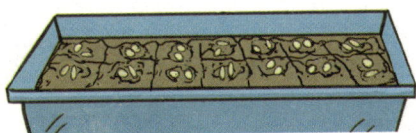

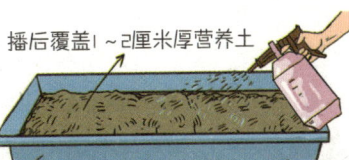

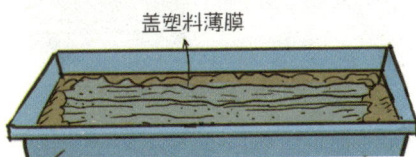

多实行育苗移栽，采用点播的方式。每个小方块中间浅挖1个小穴，每穴播2~3粒种子，播后覆盖一层1~2厘米厚的营养土，再浅浇一层薄水。

（2）苗床管理

温度较低时可覆盖塑料薄膜保湿保温，促进出苗。

出苗前，可根据土表情况浅浇1~2次水，以保持苗床湿润。出苗后3天内，结合浇水用97%恶霉灵可湿性粉剂2500~3000倍液对苗床进行1~2次浇洒。苗期以保持苗床湿润为宜，防止徒长。

苗长出2~3片真叶时，选晴天午后进行移栽定植。移栽前7天喷施1~2次2%磷酸二氢钾溶液，以促进根系发达。

4. 移栽定植

step1 先将容器洗净，装入营养土（至盆沿3~4厘米为宜），种植单株的在中间挖长、宽均在10厘米以上、5~7厘米深的穴，种植多株的按株距35~40厘米、行距60~80厘米以上的间距挖穴。

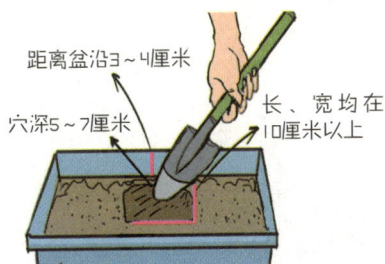

距离盆沿3~4厘米

穴深5~7厘米

长、宽均在10厘米以上

step2 用园艺铲从苗床将小方块连同小苗一起挖出，带方块土一起栽入备好的容器中已经挖好的洞穴。栽植时将根系垂直，让其舒展在穴内，并将植株扶正，用营养土填穴覆根，并稍压实，最后淋足定根水。

日常管理

1. 浇水施肥

丝瓜全生育期需水较多，生长前期应保持土壤湿润，开花结果期需水最多，需加强灌溉（忌漫灌积水）。

撒施草木灰

移栽后5～7天缓苗，此时选留1株健壮苗，再结合浇水追施一次尿素（28克/平方米），先浇水再施肥。以后至开花结果前施肥依苗情而定：苗长势强，可少施或不施肥；长势弱，每隔15天追施一次复合肥（6克/平方米）。结果后每隔5～7天追施一次复合肥（15～20克/平方米），盛收期施肥量增加1～2倍，并加施草木灰1～2次（每次按70～100克/平方米用量）。

2. 中耕培土

搭架前用小耙进行2～3次浅中耕松土，松土时应注意不要伤及植株根系，以"近根处稍浅"为原则。多在晴天上午10点至下午3点左右进行。同时铲除杂草，并适当进行培土覆根；开花结果前配合施肥应进行一次大的培土。

3. 设立支架

当瓜蔓长到30～60厘米时，要及时搭架绑蔓。可用2根高约1.8米的竹竿围绕植株插入盆缘植土内，用麻绳绑成"人"字架。搭架后不要马上引蔓，要适当压蔓。

4. 压蔓引蔓

蔓长到50厘米左右，应进行一次压蔓，即让茎蔓匍匐在地面上，每隔一定距离用土块压蔓（压蔓方向可同一方向或相对方向），使茎蔓定向生长。蔓长到70厘米左右，再进行一次压蔓，并摘除侧蔓。

当有雌花出现时再向上引蔓（花蒂部带小瓜的是雌花），并使蔓均匀分布于架上。先用麻绳以"8"字形将植株茎蔓捆绑。捆绑时稍留植株生长空间，不要捆缚太紧。顺便适当摘除基部枯老叶或病叶以及过密叶，以利于通风。再根据茎蔓生长情况，结合"之"字形引蔓，使蔓均匀分布于架上，并将茎蔓轻轻绕缚（或用麻绳以"8"字形捆绑）于架上。

5. 人工授粉

人工授粉能加快丝瓜果实生长膨大速度，还能减少落花，提高坐果率。进行人工授粉应抓住最好的时机，过早或过晚都会降低坐瓜率。有棱丝瓜开花的时间一般在傍晚至第二天10点，人工授粉的最好时机是在傍晚至第二天9点之前；普通丝瓜开花时间是在凌晨3点至上午12点，人工授粉的最好时机是在清晨6点至上午11点。

方法：用毛笔刷涂雄花花蕊，以收集雄花花粉，再用毛笔将花粉涂抹于雌花花蕊上。也可直接用毛笔逐株逐朵涂抹，用采粉盘收集所有花粉，再用毛笔逐株逐朵涂抹授粉。未封闭的阳台，雨天应遮护，避免雨水冲刷掉花粉。

6～10厘米

6. 摘心理蔓

当蔓长出10～12片叶时，保留2～3个瓜，将植株顶尖摘除，保留1侧蔓，其余侧蔓全部摘除。待侧蔓结2～3个瓜

后，对侧蔓进行摘心（即把侧蔓顶尖摘除）。

生长期间要适当摘除黄叶、病叶、老叶、过密叶，以不重叠遮光为原则。

7. 理瓜

开花结果期间，将搁在叶上、瓜蔓间、地面上或被卷须缠绕的瓜及时加以整理，使其垂直悬挂于架上。发现病瓜，应及时摘除，以免传染病害。

采收方法

一般开花后10～14天即可开始采收嫩瓜。采收时以果梗光滑、果面有光泽、果稍变色及茸毛减少、手触果皮有柔软感时最佳；采收种瓜的，以瓜皮变黄后采收最佳。采摘时宜在早上进行，每隔1～2天采收一次。

采摘时用剪刀从果柄处剪下即可。

常遇问题解答

1. 如何防止丝瓜落花

丝瓜在栽培过程中常会出现落花现象。可将坐瓜灵（10～15毫升）、2,4-D（8毫升）、爱多收（15毫升）、丝瓜顺直王（20毫升）、花蕾保（10毫升）混合，再对2千克清水，搅匀后配制成药液。于上午8点左右，用毛笔蘸液涂于雌花柱头及花冠基部（雌花通常比雄花大，且雌花花托部位带小瓜）。

开花结果前适当降低温度，以防徒长导致落花落瓜。对于有棱丝瓜，仅用坐瓜灵蘸花就可有效减少落花，显著提高坐果率。瓜长约30厘米时，弯瓜应进行吊瓜或进行人工拉直瓜条。

2. 为何枝繁叶茂却不见结瓜

开花结瓜前应适当降低温度，不要超过30℃，因为丝瓜结瓜的适温为25℃左右，超过30℃对丝瓜授粉受精有不良影响。

当枝叶过分繁茂而疯长时，雌花形成会较少，致使授粉不良，也会出现枝繁叶茂却不见结瓜的现象。日常管理中要及时摘心理蔓，并适当摘除过密叶及枯、黄、老、病叶等，以不重叠遮光为原则。

苦瓜

又名凉瓜、癞葡萄、锦荔枝、菩提瓜等。富含维生素B、维生素C、矿物质和苦味素等，其中苦味素被誉为"脂肪杀手"，常吃不但能达到良好的减肥效果，还能防治青春痘等。所含的类似胰岛素的物质及蛋白质类物质，具有刺激和增强体内免疫细胞吞食癌细胞的能力，常食能起到抗癌的作用。近年来研究发现，苦瓜还具有降血糖、降血压、润便通肠等多种食疗功效。

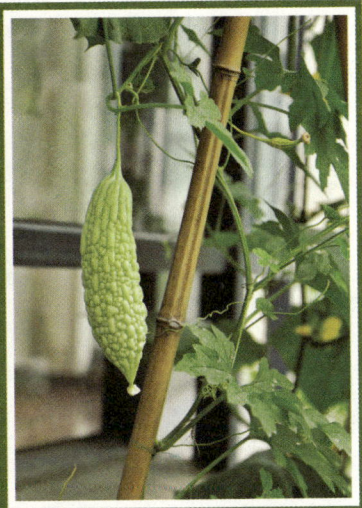

种植季节

一般实行春、夏季播种，春播多于2—3月实行（北方一般于3月底至4月初），夏播多于4—5月实行。南方也可秋播，多于7—8月播种。

播种后2～3个月后才能收获。

种植环境

苦瓜较耐肥、耐旱、怕涝，耐热不耐寒，喜温暖气候。种子发芽适温为30～35℃；幼苗生长适温为20～25℃；生长适温为20～30℃，10℃以下生长不良，遇霜则易死亡；开花结瓜期适温为20～30℃，15～20℃时也能正常结瓜，25～30℃时坐瓜率高、果实发育迅速。

喜光、不耐阴，对光照长短要求不严，但苗期光照不足茎叶易徒长；开花结瓜期需要充足光照才有利于茎叶生长和坐果率的提高，果实才能快速发育。

需要的材料及工具

1. 材料

过磷酸钙（1千克/立方米），尿素（200克/立方米），50%多菌灵可湿性粉剂（60～80克/立方米），2%的高锰酸钾溶液，一盆50～60℃的热水，菜园土（宜选择未种过瓜类且土层深厚、富含有机质的沙质壤土）。

营养土配制方法：用菜园土，再每立方米土加过磷酸钙1千克、尿素200克、50%多菌灵可湿性粉剂60～80克，充分混匀后覆盖塑料薄膜堆沤3～5天。

2. 工具

水壶，2根竹竿（高约1.8米），麻绳，园艺铲，小耙，塑料薄膜，容器（可依栽种数量选择深度在30厘米以上的有孔容器）。

选择种子

苦瓜按瓜形可分为短圆形苦瓜、长圆形苦瓜和条形苦瓜三大类型品种。

短圆形苦瓜：瓜短圆，呈锥形，长度15～20厘米。

长圆形苦瓜：瓜长圆，呈锥形，长度20～30厘米。

条形苦瓜：瓜呈长条形，长度大约30厘米，最长可达100厘米以上。

短圆形　长圆形　条形

按瓜皮颜色又可分为白色苦瓜、绿白色苦瓜和青绿色苦瓜。

宜选粒大饱满、无病害的健康种子。

种植方法

1. 种子处理

高锰酸钾溶液浸泡5分钟

苦瓜种子壳厚，表皮还有蜡质，吸水较慢，可先将其放在太阳下曝晒4～6小时（既可烫死表面细菌又可提高出芽率）。再将其放进2%的高锰酸钾溶液浸泡5分钟，捞出并用清水冲净，用50～60℃热水浸泡20～30分钟，不断搅拌直到水温降至30℃，继续浸泡5～6小时，捞出、稍沥干后置于25～30℃环境下催芽。催芽期间，每天用清水搓洗一次，以除去种子表面黏液，防止种子发霉腐烂。大约48小时后有一半以上种子露白即可播种。

50～60℃热水浸泡20～30分钟

继续浸泡5～6小时

2. 整理苗床

将容器盛入植土（距离盆沿8～9厘米以上），将营养土均匀地撒于苗床上，厚1～2厘米，并整匀耙平，浇透底水。

3. 播种育苗

（1）播种方法

可直播也可育苗移栽，多采取点播的方式。播种时将种子平放或胚根朝下摆放，播后浅浇一层薄水，以保持土表湿润。

先装土至离盆沿8～9厘米以上再撒营养土1～2厘米厚

直播：按间距40～50厘米挖小穴（有条件者种双行的，行距100厘米左右），每穴播2～3粒种子，播后覆盖一层1.5厘米厚的营养土。

育苗移栽：按间距10～15厘米挖小穴，每穴播2～3粒种子，播后覆盖一层1.5厘米厚的营养土。

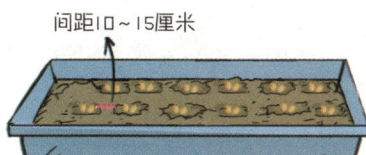

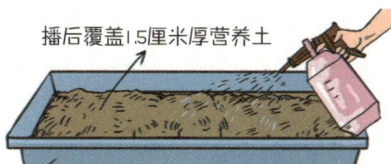

间距10～15厘米

播后覆盖1.5厘米厚营养土

（2）苗床管理

温度低时，播后可及时覆盖地膜。白天温度尽量保持在30～35℃，夜间保持在15℃以上。长出第1片真叶后、2～3片真叶前应进行疏苗，选留健壮苗，拔除病、弱等苗。长出2～3片真叶时，可进行移栽定植。

4. 移栽定植

step1 选择有孔容器，洗净，盆底垫上瓦片或填塞尼龙纱，再装入营养土（至盆沿3～4厘米为宜）。种植单株的在中间挖5～7厘米深的穴，种植多株的按40～50厘米的间距挖穴（有条件者种双行的，行距100厘米左右）。

距盆沿3～4厘米

穴深5～7厘米

step2 用水淋透苗床，待土变松软时用园艺铲在小苗根系周围5厘米的位置将小苗（每2株）带土挖出，栽入备好的容器中已经挖好的洞穴。栽植时将根系垂直，让其舒展在穴内，并将植株扶正，用营养土填穴覆根，并稍压实，最后淋足定根水。

日常管理

1. 浇水施肥

在定植时浇足定根水后，缓苗期一般不浇水，缓苗后再及时浅浇"缓苗水"，以土壤湿润为宜。绑蔓上架期间不浇水，待第1个瓜坐住并开始膨大时，需肥水较多，但要注意不要积水。

移栽10天左右，苗成活后用尿素（4～7克/平方米）和复合肥（4～7克/平方米）混匀后对水追施第一次缓苗肥水。第一个瓜坐住并开始膨大时，再随水追肥，先浇水再施碳酸氢铵（28～35克/平方米）或尿素（14～20克/平方米）。盛果期以后增施1～2次复合肥，以延长观花、观果时间。

2. 中耕补苗

移栽后发现缺苗要及时补苗。移栽成活后选留1株健壮苗，其余全部拔除，再及时进行第一次中耕，中耕深度7～10厘米。15天后再进行第二次中耕松土，中耕深度5厘米左右。中耕松土时不能太接近根部，以免伤根。中耕时发现杂草要及时铲除。

3. 整枝摘心

6～10厘米

苦瓜分枝力强，一般保留主蔓和2～3条35厘米以上的侧蔓，其余侧蔓全部剪除。同时清除枯叶、黄叶及病叶等，以利通风。

生长期瓜蔓过于疯长，则要进行摘心（即把植株顶尖摘除6～10厘米），以抑制其生长、促进结瓜。当主蔓长出10～12片叶时，保留2～3个瓜，将植株顶尖摘除；待侧蔓结2～3个瓜后，对侧蔓进行摘心（即把侧蔓顶尖摘除）。

4. 搭架绑蔓

当瓜蔓长到30～60厘米时，要及时搭架绑蔓。可用2根高约1.8米的竹竿围绕植株插入盆缘植土内，用麻绳绑成"人"字架。先将整枝后的主蔓沿着支架向上，侧蔓向支架左右方向横引，用麻绳以"8"字形将植株茎蔓捆绑于架上。捆绑时稍留植株生长空间，不要捆缚太紧。主蔓未上架前，每隔2～3天引绑一次。绑蔓时应于晴天下午进行，以免折断茎蔓。

5. 人工授粉

花期进行人工授粉可提高结果率，一般在上午7—9点进行，用毛笔轻触雄花花蕊，蘸取花粉后再轻刷于雌花花蕊上。也可把雄花直接摘下，撕去花瓣后直接对着雌花，让花粉粒落在雌花柱头上（雌花通常比雄花大，且雌花花托部位带小瓜）。

采收方法

苦瓜要适时采收，过早采收瓜未充分发育，影响产量；过迟采收瓜易老化，影响食用品质。一般当瓜皮上的瘤状物突出膨大，颜色还未发白、发亮时采收最佳。采收种瓜的以瓜皮变成橘红色时采收为佳。

采摘时用剪刀从果柄处剪下即可，忌强拉硬拽，以免伤蔓。

常遇问题解答
如何防止苦瓜落花

若出现苦瓜落花现象，日常管理期间要进行人工授粉。可用2,4-D（8毫升对200～300克清水）涂抹雌花柱头，能防止化瓜、减少落花现象。

三、根茎类蔬菜

萝卜

又名莱菔、水萝卜，我国民间称为"小人参"。营养较丰富，富含碳水化合物和多种氨基酸，还含有粗纤维、矿物质、少量粗蛋白、多种维生素等。其中维生素C的含量高出苹果、橘子、梨等5～8倍，因此又称为"维他命萝卜"；所含的多种微量元素能诱导人体自身产生干扰素，可增强机体免疫力，抑制癌细胞生长；所含的纤维木质素具有较强的抗癌作用，生吃效果更佳；所含的芥子油和膳食纤维能促进胃肠蠕动，有助于废物排出，常吃可达到减肥美容的目的。

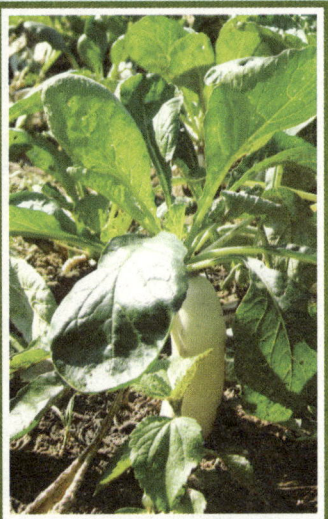

种植季节

萝卜一年四季均可栽培，不同的季节宜选用不品季候的品种。春播一般于5—6月实行，春夏收获；夏播于7月中下旬实行，夏秋收获；秋播于10月下旬至11月中旬实行，第二年春季收获；冬播于8月下旬至9月中旬实行，冬季收获。

从播种到收获，一般需要2～4个月时间。

生长条件

萝卜属半耐寒作物，喜温暖及湿润的环境，不耐高温及干旱。种子在2～3℃的条件下就能发芽，发芽适温为20～25℃。苗期在25℃条件下仍然正常生长，也能耐−3～2℃的低温。生长期适温为5～25℃，最适宜温度为15～20℃。根茎生长适宜温度为6～20℃，最适宜温度为13～18℃。

喜光，充足光照可使叶面积增加，光合作用增强，促进肉质根膨大；光照不足则造成产量下降、品质变劣。

需要的材料及工具

1. 材料

腐熟有机肥（4.2千克/平方米），过磷酸钙（35～40克/平方米），草木灰（70克/平方米），50%福美双可湿性粉剂或35%甲霜灵拌种剂（1克药拌500克种子），赤霉素，土壤（宜选择土层深厚、疏松肥沃、富含有机质的沙壤土）。

营养土配制方法：将土壤、腐熟有机肥（4.2千克/平方米）、过磷酸钙（35～40克/平方米）、草木灰（70克/平方米）混合拌匀，覆盖塑料薄膜堆沤3～5天。

需注意的是，种萝卜的土壤颗粒要均匀，若有石头或肥料凝块，易使萝卜畸形或分杈。

2. 工具

水壶，细孔喷壶，园艺铲，小耙，塑料薄膜，湿布，容器（可依栽种数量选择深度在40厘米以上的容器）。

选择种子

萝卜可依据根形、根色、生长期长短及栽培等情况进行分类，依据根形可分为长、圆、扁圆、卵圆、纺锤、圆锥等形状品种；按根皮颜色分类有白皮、红皮、绿皮、粉红皮、紫皮等多个品种，常见的有红皮萝卜、绿皮萝卜、白皮萝卜等。

红皮萝卜　　绿皮萝卜

宜选饱满、健全、无霉变、无病害的种子。

白皮萝卜

种植方法

1. 种子处理

萝卜可直接播干种子，但出芽率低，可通过赤霉素溶液浸泡处理，能达到打破种子休眠而促进出芽的作用。

赤霉素溶液浸泡4小时

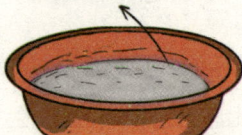

方法：按1.5克赤霉素对10毫升水的分量配制成浓度为150毫克/千克水的溶液，将种子倒进溶液中浸泡4小时，再捞出，用清水冲净并沥干水，用湿布包好置于25～30℃环境下催芽。待种子有一半以上露白即可播种。

甲霜灵拌种

播种前用50%福美双可湿性粉剂或35%甲霜灵拌种剂拌种（按500克种子用1克药的用量）。

距离盆沿1～2厘米以上

2. 整理苗床

将容器盛入营养土（距离盆沿8～9厘米以上），整匀耙平，浇透底水。

3. 播种方法

萝卜适宜直播，多采取点播的方式。栽种单株的浅挖单穴；栽种多株的，按大型品种30～40厘米、中小型品种17～25厘米的间距浅挖小穴。每穴播4～5粒种子，播时使种子散开，以免出苗后过度拥挤。播后用营养土覆种约2厘米厚，并用细孔喷壶轻浇水，使土壤保

持湿润。

大型品种间距30～40厘米
中小型品种间距17～25厘米

播后覆盖2厘米厚营养土

日常管理

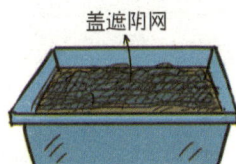

盖遮阴网

1. 遮阴保湿

夏、秋季播种，应用遮阴网覆盖，出苗后用竹弓撑起，以保持苗床湿而不渍。

2. 浇水施肥

播后若天气干旱，应及时浇水，出苗后再浇一次水。雨季应注意及时排除积水，以免死苗。生长期应适时适量浇水，缺水则生长不良，肉质根常导致瘦小、质粗硬、辣味浓、空心等；但水分过多也易致徒长，影响肉质根生长，且易发病。一般苗期少浇水，以利根向深处发展；生长盛期需较多水，但应适量浇灌，以免引起徒长；肉质根膨大期应充分而均匀地浇灌，以促进肉质根生长。多雨季节应注意排除积水，炎热气候应注意常浇水保持土壤湿润。采收前10天应停止浇水，以提高品质及耐贮存性。

苗期结合间苗，追施1～2次速效氮肥（按20克/平方米用量），"破肚"（指肉质根加粗生长而致下胚轴部位破裂）时追施一次磷钾肥，用磷酸钙、硫酸钾各按7克/平方米的用量混合施用。追肥时施在根旁，不要浇施于叶上。收获前20天，连续喷施2次叶面肥，每隔7天一次，每次用0.2%的磷酸二氢钾喷施。

3. 间苗及定苗

出苗后，苗具1～2片真叶时，应进行第一次间苗，每穴留3株；苗具3～4片叶时，进行第二次间苗，每穴留2株；苗具5～6片叶时，进行定苗，每

穴选留1株最健壮的苗。

4. 中耕培土

生长期需多次用小耙进行中耕松土，尤其是幼苗期，可结合除草进行。长形露身的萝卜品种，还应结合培土壅根，以防止因根颈部细长软弱导致弯曲或倒伏生长，从而形成弯曲萝卜。松土时只松表土即可，不宜过深，且应在封行前进行。封行后应停止中耕，此期间发现杂草，可人工拨除。

5. 除叶透光

植株生长过密时，应摘除枯、黄、老、病叶等，以利通风、透光，利于肉质根生长，提高产量及品质。

采收方法

萝卜要适时采收，过早则未完全发育，个小质硬、无吃味；过迟则肉质根空心，品质变劣。一般当叶色转淡、肉质根充分膨大至直径5～7厘米时即可采收。

常遇问题解答

如何防止肉质根的开裂、空心及分杈？

开裂： 俗称萝卜裂根病，主要是由于肉质根在生长过程中土壤忽干忽湿、水分供应不均造成的，如在高温干旱的天气，突然下大雨或大量浇灌，肉质根薄壁细胞急剧膨大，致使已经硬化的皮层破裂。防止裂根方法就是，适量浇水，浇水不时多时少，以使土壤不过干或不过湿为宜；尤其在肉质根膨大期要充分而均匀地浇水，以免肉质根开裂。

空心： 萝卜空心与品种、栽培技术、栽培条件等都有关系。如早熟品种空心早，晚熟品种空心迟，采收过迟或抽薹开花也易造成空心。当肉质根在土质肥沃的条件下生长，肉质根生长过快，而地上部却营养不足以供给地下部肉质膨大生长的需要，也易造成空心。当土壤缺水，导致生长受阻，肉质根也会造成空心现象。防止空心的方法就是，合理施肥，不过量不偏施；合理灌溉，均匀浇水，不时干时湿；选用适宜品种，并注意及时采收。

分杈： 是指在肉质根的侧边长出一枝或多枝肉质根。当施用的肥料没有充分腐熟会造成灼伤主根，令侧根受到刺激而长出；当栽种密度过大，加上施肥时面积过大时，植株长势旺盛，叶子制造光合产物就会特别多，此时也易造成肉质根分裂现象；当土壤底层过硬或有石头、肥料凝块、树根等硬物阻碍肉质根的生长，也会促进侧根发生。防止方法就是，种植密度要适宜，采用直播，施肥面积不宜过大，适当进行中耕松土。

土豆

又叫马铃薯、洋芋、洋山芋、山药蛋、馍馍蛋等，香港、广州人又称其为薯仔。富含大量碳水化合物、优质纤维素、维生素C、维生素B_1、维生素B_2、维生素B_6、泛酸及钙、磷、铁等矿物质元素等，其中维生素C含量是苹果的10倍，B族维生素是苹果的4倍，各种矿物质含量是苹果的几倍至几十倍。还含有胡萝卜素、氨基酸、蛋白质、脂肪、优质淀粉等多种营养元素。从营养角度来讲，其优点比大米、面粉还多，人体仅靠土豆和全脂牛奶就足以维持生命及健康。常食土豆可抵抗老化、促进健康，因其脂肪含量在所有的充饥食物中最低，所以多吃也不用担心脂肪过剩而造成肥胖。

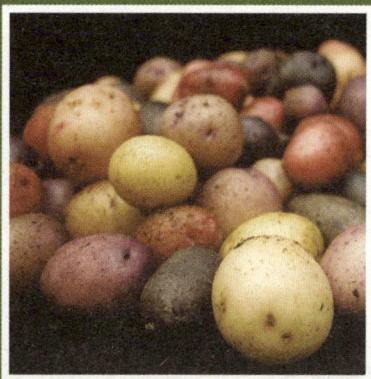

种植季节

南方多于1—3月或8—9月播种，北方多于4—5月播种。

从播种到收获，一般需要3～5个月的时间。

生长条件

土豆喜冷凉气候，忌涝怕旱，不耐高温，又怕寒冷。在7～8℃条件下开始萌芽，发芽适温为12～18℃；茎叶生长适温为15～25℃，最适宜温度为21℃，低于7℃或高于39℃停止生长，在25～30℃条件下茎叶徒长；块茎生长适温为16～18℃，最高不宜超过21℃，高于25℃块茎生长缓慢，高于29℃块茎停止生长，–1℃受冻害，–4℃植株及块茎全部被冻死。

喜光，在充足的光照条件下生长健壮，容易开花结果，块茎形成较早，产量较高。光照不足则影响光合作用，使茎叶嫩弱、徒长及抗病力弱，不开花，块茎形成迟。出苗后，通常以每天11～13小时的光照为宜。

需要的材料及工具

1. 材料

腐熟基肥（可用含磷钾较高含氮适当的复混肥料，也可采用单质化肥配合使用；一般用量5.7千克/平方米），过磷酸钙（20～35克/平方米），菲格药液，草木灰，土壤（以土层深厚、疏松肥沃的轻沙壤土为佳）。

2. 工具

水壶，园艺铲，小耙，塑料薄膜，容器（土豆根系主要分布在深30厘米左右的土层内，故可依栽种数量选择深度在30厘米以上的有孔容器）。

选择种子

按皮色分为白皮、黄皮、红皮、紫皮品种，按肉质颜色分为黄肉、白肉品种。

选择完整、无病害、芽眼深浅适中、表皮光而嫩薄、形状整齐的土豆作种。

白皮土豆　　　　黄皮土豆　　　　　　红皮土豆　　　　　　　紫皮土豆

种植方法

1. 种块处理

催芽： 土豆休眠期长，需通过催芽的方法打破休眠期。将薯种平放于土壤上，芽眼朝上，覆盖一层2厘米厚的土，再平放一层薯种，照此反复放3层薯种，在最上面那层薯种上覆盖5厘米厚的土，再覆一层薄膜，周围用土压严，置于背阳处催芽。也可不用

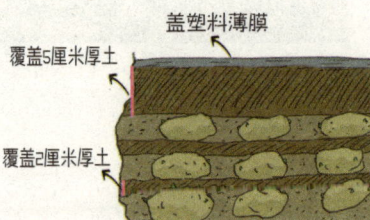

盖塑料薄膜

覆盖5厘米厚土

覆盖2厘米厚土

薄膜，直接按照上面方法放种、覆土后，置于15～20℃的环境下催芽。催芽期间，每天注意保湿保温，温度不宜超过20℃，每天洒水1～2次，防止落干。当芽长到0.5～1厘米时，即可播种。

切种： 播种前需进行切种。将切刀用火烤或置于沸水（或高锰酸钾或酒精）中浸泡5分钟进行消毒，切到病薯处应立即将切刀重新消毒，以免传播病菌。将薯种切成三角形，不宜切片，每块至少1～2个芽眼，每块种块保持30～40克为宜，过薄或过小不易出壮苗。

拌种： 将切好的种块放进菲格药液中浸泡2～3分钟，捞起沥干后再放进另一菲格药液中再浸泡2～3分钟（能起到杀菌的作用，防治土豆晚疫病），再次捞起沥干，最后用草木灰**拌种**。

菲格药液浸泡2~3分钟

草木灰拌种

2. 整理苗床

选择有孔容器，洗净，盆底垫上瓦片或填塞尼龙纱。将备好的腐熟基肥、过磷酸钙、土壤拌匀后装入容器内，距离盆沿8~9厘米以上，并耙松理平，浇透底水。

距离盆沿8~9厘米以上

3. 播种方法

穴深10~12厘米

一般采取直播的方法。种单株的挖10~12厘米深的穴，种多株的按株距18厘米、行距30厘米（多种双行）进行挖穴。将种块切口朝下、芽眼朝上放置于穴内，再覆土封穴，用手稍压实，并浇透水。气温低时，还应覆盖塑料薄膜，以保湿保温。

盖塑料薄膜

日常管理

1. 通风控温

覆膜的，播种20天左右即有苗露出，此时应将苗顶膜处抠破，以利通风、防蒸苗。将苗周围的膜用土压严，以保水保温。

2. 浇水施肥

生长前期不宜浇水，一般在开花后再进行浇水。每隔10天浇一次水，收获前10天停止浇水，可提高品质并较耐贮藏。

追肥时应合理地将氮、磷、钾肥配合使用，尤其是对钾肥需求量较大，一般氮、磷、钾肥按1.85：1：2.1的比例混合使用；若增施硫酸钾（7克/平方米），则易获得丰产。一般进行2次追肥，第一次在苗出齐时结合浇水刨坑追施，第二次在现蕾开花前结合培土进行。

3. 间苗补苗

待苗长到10～15厘米时，应进行间苗，留下1～2株健壮苗，其余用刀从根部切除。发现缺苗的，应及时补上，以防缺苗。可从就近处取多余的苗进行扦插补苗，宜在阴天或傍晚进行。

4. 中耕培土

一般进行2～3次中耕培土，发现杂草时应及时铲除。第一次在疏苗补苗后及时结合培土壅根进行中耕，此时培土可确保植株生长空间；中耕深度8～10厘米为宜，培土厚度8～10厘米。第二次在距第一次10～15天进行，浅中耕。第三次在现蕾开花前结合追肥进行培土壅根及浅中耕，此时培土可防土豆因受阳光照射而绿化；培土厚度10厘米，中耕时比第二次略浅。

采收方法

当茎叶逐渐变黄、干枯时即可采收。采收时握住植株根部将整株拔起，再用园艺铲将土中剩余的土豆挖出。

将土豆覆盖遮光，置于2～5℃阴凉、干燥、透气的环境下，可贮藏到第二年这个时候。

大头菜

又名芜菁、蔓菁、诸葛菜、圆菜头、圆根、盘菜、苤蓝、大头芥，华东一带通称为香大头。富含维生素A、维生素C、维生素K、叶酸、钙等，具有较高的食用价值，在我国古代三国时期诸葛亮将其作为蜀国军粮，第一次世界大战时期的德国也将其作为主要的应急粮食。

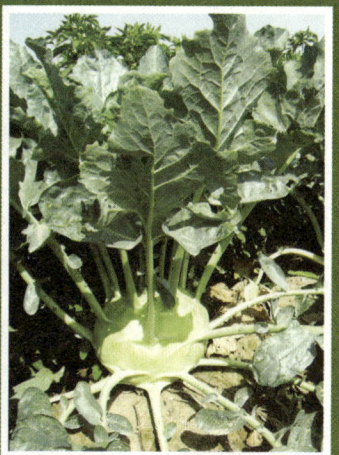

种植季节

一般于8月下旬至9月中旬播种，12月可陆续采收。在温室或拱棚保温条件下播种，也可于3—4月实行春播，或于11月至第二年2月实行冬播，从播种到开始采收需3～4个月的时间。

生长条件

喜冷凉、湿润的环境，忌积水、怕干旱。种子在2～3℃条件下就能发芽，发芽最适宜温度为20℃左右；生长适温为13～18℃，幼苗能耐–2～–1℃低温，植株生长期间能耐轻霜；肉质根膨大生长适温为15～18℃，温度过高则肉质根生长缓慢，且品质下降。

喜充足光照，但光照时长对植株生长影响不大。光照充足则生长健壮，肉质根品质好，且产量高；光照不足则影响肉质根的充分膨大，影响品质及产量。

需要的材料及工具

1. 材料

腐熟基肥（可用过磷酸钙按40克/平方米的用量与氯化钾按20克/平方米的用量混匀作基肥，也可用氮磷钾复合肥按40克/平方米的用量作基肥），新高脂膜粉剂，一遍净（1500倍液），草木灰，菜园土（以土层深厚、富含有机质、排水良好的沙质壤土或壤土为佳，忌连作土壤）。

2. 工具

水壶，园艺铲，小耙，容器（可依栽种数量选择深度在30厘米以上的有孔容器）。

选择种子

依肉质根的皮色不同分为白皮、淡黄皮、紫红皮等品种类型，依肉质根的形状又可分为圆形、扁圆形、圆锥形、圆柱形等。目前较常栽培的品种多为白皮、圆形和圆锥形品种。

圆形品种： 肉质根扁圆或圆球形，生长期较短，肉质根较小。

圆锥形品种： 生长期较长，肉质根较大。

应精选籽粒饱满、无病害的种子，淘汰瘪粒及不饱满的籽粒。

大头菜种子

种植方法

1. 种子处理

新高脂膜粉剂拌种

大头菜一般不需要催芽，播种前用新高脂膜粉剂拌种，既可驱避病虫害，又可提高出芽率。

2. 整理苗床

将腐熟基肥及菜园土装入容器内（距离盆沿3~4厘米为宜），耙匀整平，浇透底水。

距离盆沿3~4厘米

3. 播种育苗

（1）播种方法

可直播也可育苗移栽。采用直播的，根形圆正，主根入土深，耐旱力强，产量高，但土地利用率不高；采用育苗移栽的，移栽时易伤主根，根部分杈、根形不整齐，耐旱力差，产量较低，但土地利用率高。根据阳台面积状况，多采用育苗移栽。

直播：大型品种按株距20~25厘米、行距33~40厘米进行穴播，小型品种按株距12~20厘米、行距25厘米进行穴播。每穴播4~5粒种子，播后覆土1~1.5厘米厚，再喷施新高脂膜800倍液保温保湿。

育苗移栽：一般比直播的要提早7~10天播种。按间距10~15厘米进行穴播，每穴播4~5粒种子，播后覆土1~1.5厘米厚，再喷施新高脂膜800倍液保温保湿。

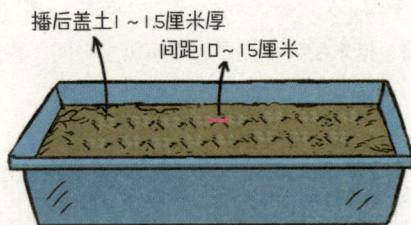

播后盖土1~1.5厘米厚
间距10~15厘米

喷施新高脂膜溶液

（2）苗床管理

为提高种子出苗率，播后应覆遮阴网，出苗后再揭除。土壤干旱时应及时浇水。苗具2片真叶时进行第一次间苗，苗具2~3片真叶时结合间苗及时查补缺苗。

盖遮阴网

为防治及减少病虫害发生，自苗长出第1片真叶起，每隔7~10天喷施一次一遍净1500倍液，可加新高脂膜一起使用。苗期易受跳甲危害，应及时在早晨撒施草木灰2~3次，每隔7天一次，每次按0.5千克/平方米用量。

喷施一遍净杀虫药液

撒施草木灰

苗3~4片真叶时结合除草进行一次浅中耕，并追施氮肥（20克/平方米）。苗具5~6片叶时，可进行移栽定植；直播的则需选留1~2株健壮苗，其余的拔除。

4. 移栽定植

step1 先将容器洗净，盆底垫上瓦片或填塞尼龙纱，再装入菜园土（至盆沿3~4厘米为宜）。种植单株的在中间挖5~7厘米深的穴；种植多株的大型品种按株距20~25厘米、行距33~40厘米，小型品种按株距12~20厘米、行距25厘米进行挖穴。

距盆沿3~4厘米
穴深5~7厘米

step2 用水淋透苗床，待土变松软时选择1~2株健壮苗，用园艺铲在小苗根系周围5厘米的位置将小苗带土挖出，栽入备好的容器中已经挖好的洞穴。栽植时将根系垂直，让其舒展在穴内，并将植株扶正，用土填穴覆根，并稍压实，最后淋足定根水（可喷施新高脂膜800倍液）。

日常管理

1. 浇水施肥

定植后每天浇一次水；定植后10~15天，每隔15~20天追施一次氮磷钾复合肥（7~14克/平方米），连续追施3~5次。地下根迅速膨大期，应结合适量灌水重施一次磷钾肥，并配合喷施地果壮蒂灵，使地下果营养运输导管变粗，提高地果膨大活力，使果面光滑、果型健美。

2. 中耕除草

生长发育期间，应适时进行中耕除草。宜在每次浇过水后水渗入土壤不黏时，用小耙轻轻松土，深度3厘米左右为宜。松土时应注意不要伤及植株根系，以"近根处稍浅"为原则。多在晴天上午10点至下午3点左右进行。

采收方法

当植株茎叶变黄、叶腋间发生小叶卷缩变黄、根头部由绿变黄时为采收适期。过迟采收的地果硬心大，肉质根纤维发达，加工品质下降。

需久存的最好在气温3~4℃时选择晴天收获，过冷时收获的地果不耐贮存。采收时挖出地果，去掉浮土，削顶去叶，晾干外部水分后置于0~1℃条件下贮存（有条件者可挖地窖埋藏）。

洋葱

又名葱头、玉葱、圆葱、球葱等，因具有多种营养食疗价值，在欧洲国家被誉为"菜中皇后"。富含蛋白质、脂肪、碳水化合物、粗纤维、维生素C、胡萝卜素、烟酸、维生素B$_1$、维生素B$_2$及钙、磷、铁等矿物质元素，还含有多种氨基酸、桂皮酸、柠檬酸盐等。所含的前列腺素A具有明显的降压作用，所含的甲苯磺丁脲类似物质有一定降血糖的功效，所含的肽物质可减少癌症的发生率。鳞茎和叶子含有的硫化丙烯的油脂性挥发物可增进食欲、促进消化，具有较强的杀菌功效。常食可抑制高脂肪饮食引起的血脂升高，防治动脉硬化症、降低血糖；调节神经，增长记忆等；还可抑制引起哮喘发作的组胺活动，降低哮喘发作概率。

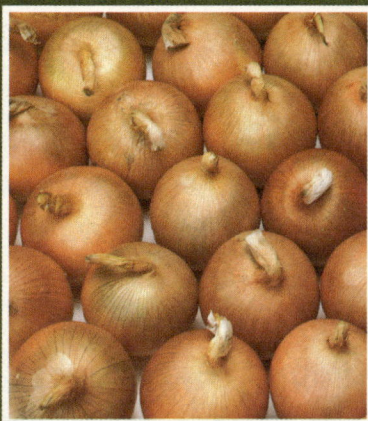

种植季节

一般于9月上中旬播种，10月中旬至11月上旬定植，5月下旬至6月上旬收获。播种过早易引起早抽薹，过晚则不利于越冬。

生长条件

洋葱喜凉爽的气温环境，喜湿又忌涝。种子和鳞茎在3～5℃下可缓慢发芽，12℃以上发芽迅速；幼苗生长适温为12～20℃，在-6～7℃的低温条件下可安全越冬；叶片生长适温为18～20℃，鳞茎膨大适温为20～26℃，超过28℃以上，鳞茎停止生长，进入生理休眠期。

属长日照作物，喜中等强度的光照。高温短日照条件下只长叶，不能形成膨大的鳞茎（即葱头）；在鳞茎膨大期和抽薹开花期一般需要14小时以上的长日照。

需要的材料及工具

1. 材料

腐熟有机肥（3千克/平方米），过磷酸钙（50～100克/平方米），一盆40～50℃热水，35%雷多米尔拌种剂，菜园土（以疏松肥沃、通气性好的中性壤土为宜，沙质壤土易高产，黏壤土鳞茎充实、色泽好、耐贮藏，忌种过葱蒜类的土壤）。

2. 工具

水壶，细孔喷壶，园艺铲，小耙，湿布，容器（可依栽种数量选择深度在30厘米以上的有孔容器）。

选择种子

一般分为红皮、黄皮和白皮三类品种。

红皮洋葱：多为中晚熟品种。休眠期较短，萌芽较早，含水量较大，不耐贮藏。

黄皮洋葱：多为早熟和中熟品种。辣味较浓，可作脱水加工。扁圆种的假茎细；圆球种的假茎粗大，不易萌芽，耐贮藏。

白皮洋葱：多为早熟品种。鳞茎小，肉质柔嫩，汁多，辣味淡，品质佳，适于生食。休眠期短，抗病弱，易早抽薹，产量低。

选种时注意区别韭菜、韭葱、大葱等外观相似的种子，选择种皮呈黑色、有光泽、无病害等健康种子。

洋葱种子

种植方法

1. 种子处理

洋葱可直接播干种子（需覆膜保湿保温），为了加快出苗，通常进行浸种催芽再行播种。先把种子倒进40～50℃热水中烫种20～30分钟，其间不断搅拌至水温降至

40～50℃热水烫种20～30分钟

继续用凉水浸泡12小时

雷多米尔拌种

30℃左右。把种子捞出，倒进凉水中浸泡12小时左右，再捞出、沥干水，用湿布包好，置于20～22℃环境下催芽。催芽期间每天清洗一次种子，当有60%以上的种子露白即可播种。

播种前用35%雷多米尔拌种剂拌种，用种子重量的0.3%即可。

2. 整理苗床

将备好的腐熟有机肥、过磷酸钙、菜园土装入容器内（距离盆沿3～4厘米为宜），耙匀整平，浇透底水。

距离盆沿3～4厘米

3. 播种育苗

（1）播种方法

通常育苗移栽，采取撒播或条播的方式。一般按6～7克/平方米的用量播种。播种过密，秧苗生长细弱；播种过稀，秧苗生长过粗，且易抽薹。

条播沟距9～10厘米　沟深1.5～2厘米

撒播的，将种子均匀地撒播于苗床上；条播的按9～10厘米间距开小沟，沟深1.5～2厘米，将种子均匀播于沟内。播后覆盖0.5～0.8厘米厚细土，再用细孔喷壶浅浇薄水，以土壤湿润为宜。最好及时覆盖遮阴网，既可遮阴防雨，又可保湿保温；有60％以上出苗即可除去遮阴网。

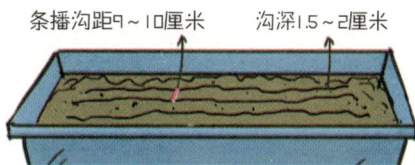

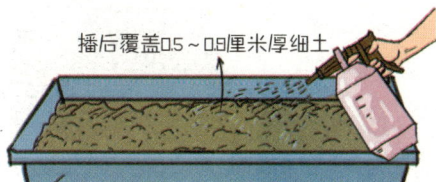

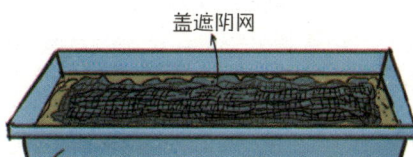

播后覆盖0.5～0.8厘米厚细土

盖遮阴网

（2）苗床管理

一般播种时浇足底水，播后不浇水。待苗由"拉弓"到"伸腰"时再及时浇水，每次浇水后用小耙轻耙表土，给小苗适当松土。播种时未浇足或未浇水的，一般在播后到苗出土前浇2～3次水，以保持苗床湿润，避免床土干燥板结，影响种子出苗。

注：

拉弓： 当幼茎长成4～6厘米时会形成弓状，俗称"拉弓"。

伸腰： 从子叶出土至胚茎伸直，俗称"伸腰"。

苗期结合浇水追肥1次，按14～20克/平方米的用量追施尿素。

拉弓　　伸腰

留苗距3～4厘米

苗长出1～2片真叶时，进行间苗，苗距保持3～4厘米；发现杂草应及时铲除。苗具4～5片叶时进行分苗，将同样大小的苗归类移栽，以方便管理。

分苗方法：先拔除病、弱、徒长、矮化、过大、过小苗，留根系发达、生长健壮的苗。一般适度大小的苗具有4～5片叶，株高20～25厘米，叶鞘（包围茎的叶的基部）直径6～7毫米，单株重5克左右。将叶鞘直径在8毫米以上的大苗和3毫米以下的小苗拔除。选留的苗再按高度及粗度分级。15厘米左右高、0.8厘米左右粗的苗为一级苗，12厘米左右高、0.6～0.8厘米粗的苗为二级苗，10厘米左右、0.6厘米左右粗的苗为三级苗。

4. 移栽定植

step1 选择有孔容器，洗净，盆底垫上瓦片或填塞尼龙纱，再装入腐熟有机肥（3～4千克/平方米）、过磷酸钙（20～28克/平方米）、菜园土，至盆沿3～4厘米为宜，把匀整平。种植单株的在中间挖5～7厘米深的穴，种植多株的按株距10～13厘米、行距15～18厘米的间距挖穴。

距盆沿3～4厘米
穴深5～7厘米

step2 用水淋透苗床，待土变松软时用园艺铲在小苗根系周围将小苗带土挖出，栽入备好的容器中已经挖好的洞穴。栽植时将根系垂直，让其舒展在穴内，并将植株扶正，用土填穴覆根，并稍压实，再淋足定根水（注：覆土时需注意，保持栽植深度1厘米左右为宜，过深易形成畸形鳞茎，过浅鳞茎膨大后露土易引起开裂）。

日常管理

1. 浇水施肥

定植后不能缺水，以多次、浅浇的方式浇小水，以保持土表湿润为宜。定植20天左右进入缓苗期，气温低时不能大量浇水，以免降低地温使缓苗速度变慢。定植成活后开始进入越冬期，为保证苗安全越冬，应适时浇越冬水。越冬后进入茎叶生长期，应蹲苗浇水15天左右，当苗外叶深绿、蜡质增多、叶肉变厚、心叶颜色变深时结束蹲苗。以后每隔8～9天浇一次水，以土壤见干见湿为宜，采收前7～8天停止浇水。

一般定植时用肥，定植后至缓苗前不追肥，开始进入越冬期结合浇越冬水追施一次肥，可用氮肥（18～20克/平方米）、磷肥（10～15克/平方米）、钾肥（14～18克/平方米）混合施用。越冬后茎叶返青时结合浇水再追施一次返青肥。

2. 中耕松土

茎叶生长期结合除草进行2～3次中耕松土，每隔5～6天一次，以促进根系发育和鳞茎膨大。植株封行后要停止中耕。中耕深度以3厘米左右为宜，松土时注意不要伤及植株根系，以"近根处稍浅"为原则。多在晴天上午10点至下午3点左右进行。

3. 人工除薹

发现未熟抽薹的植株，应在花球形成前，用剪刀从花苞的下部剪除（以防止开花消耗养分），促使侧芽生长，形成较充实的鳞茎。除薹时不要剪到葱管，以免雨水、病菌等侵入引起腐烂。

采收方法

洋葱应适时采收，收获过早，鳞茎未成熟或未进入休眠，鳞茎中可利用的养分含量高易发芽和引起病菌繁殖而导致腐烂；收获过迟则易裂球，水分过大还易引起鳞茎在土里腐烂。一般当叶片由下而上逐渐变黄，假茎变软并开始倒伏时采收。

采收时选择晴天，连根拔起。不需要贮存的削去根部，在鳞茎上部假茎处削断；需要贮存的则不去茎叶，当叶片晒至七八成干时，放置于干燥、通风、阴凉处。

常遇问题解答

如何预防洋葱未熟抽薹

植株提前现蕾抽薹会造成养分消耗，导致鳞茎不能充分膨大。当植株抽薹率在10%以内或结了葱头（指鳞茎有一定程度的膨大）又抽薹，都属正常现象。如何预防植株过早抽薹？关键在于植株生长过程中的管理。

首先应选择适度大小的健壮苗（详见"（2）苗床管理"中的"分苗方法"），并适时定植，不能过迟或过早。注意搞好中耕松土，并除去杂草，以促进根系生长及减少杂草消耗养分。苗期氮肥不宜过多，否则生长过旺，低温时则容易通过春化而抽薹。越冬期间不宜追肥，开春后应及时追肥浇水，促进营养生长，避免养分不足导致的抽薹。如发现抽薹株，应及时进行人工除薹（方法见"日常管理"中的"人工除薹"），以减少产量损失。

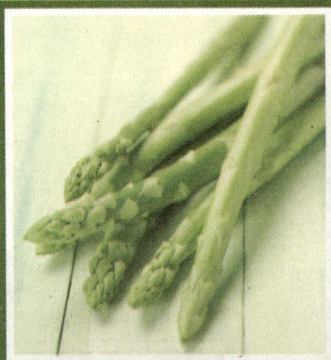

莴笋

又名茎用莴苣、春菜、千金菜、生笋、香马笋、青笋、莴菜等。含蛋白质、脂肪、植物纤维素、维生素A、维生素B_1、维生素B_2、维生素C及钙、磷、铁、钾、镁、硅、锌、氟等多种营养成分。所含的大量植物纤维素能促进肠壁蠕动，常食可防治各种便秘。所含的大量钾具有利于促进排尿、乳汁分泌及预防心律失常等功效；尤其与牛肉合用具有调养气血的作用，可促使乳房部位的营养供应，达到丰胸美乳的功效。所含的铁、锌等矿物质元素极容易被人体吸收，常食可防治缺铁性贫血。所含的丰富的氟元素可参与牙齿和骨骼的生长，常食益于人体生长。

种植季节

春莴笋一般于2月中旬至3月下旬播种，5月下旬至7月上旬收获；夏莴笋于4—5月上中旬播种，7—8月收获；秋莴笋于7—9月使用遮阴网等覆盖播种，10—11月收获；越冬莴笋于10—11月播种，第二年3—5月收获。

生长条件

莴笋属半耐寒作物，喜冷凉环境；因组织柔嫩，怕旱忌涝，怕高温，稍耐霜冻。种子于4℃条件下开始发芽，发芽适温为15～20℃，低于10℃或高于25℃出芽困难；幼苗生长适温为12～20℃，可耐−5℃的低温，−6℃时叶片开始出现冻伤，22～24℃高温下易早抽薹；茎叶生长适温为白天20～25℃、晚上10～15℃；肉质茎形成期适温为白天18～22℃、晚上12～15℃，0℃以下则受冻害。

属长日照作物，喜中等强度光。光照充足则生长良好，叶片肥厚，嫩茎粗大，出芽时若给予一定的散射光有利于萌芽。

需要的材料及工具

1. 材料

腐熟有机肥，腐叶土，30％瑞毒霉拌种剂（或25％甲霜灵可湿性粉剂），食盐，一盆40～50℃热水，菜园土（莴笋的根系浅，吸收能力弱，对氧气要求较高，宜选择沙壤土或壤土）。

营养土配制方法：用菜园土、腐叶土、腐熟有机肥按5：2：3的比例混匀，配制成营养土备用。

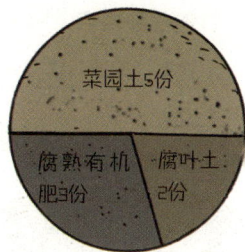

菜园土5份

腐熟有机肥3份   腐叶土2份

2. 工具

水壶，园艺铲，小耙，湿布，一盆40～50℃热水，容器（可依栽种数量选择深度在30厘米以内的有孔容器）。

选择种子

莴笋按叶片的形状可分为圆叶莴笋、尖叶莴笋两类品种。

圆叶莴笋：叶片倒卵形；茎粗大，中下部较粗，两端渐细，质脆嫩，纤维少，微甜、较芳香，品质好。耐寒、耐热，适应性及抗逆性均较强。

尖叶莴笋：叶片先端尖，呈外披形；茎长棒状，下部粗，上部渐细，品质不及圆叶莴笋。含水量较少，可生熟食用，也可腌渍。耐寒性较强。

以无损伤、无菌核、颗粒饱满的种子为佳。

种植方法

1. 种子处理

当气温低于10℃或高于25℃时出芽困难，尤其是夏、秋季播种时气候炎热，播种前

用盐水漂除菌核

40～50℃热水烫种15～20分钟

继续用凉水浸泡6～7小时

需进行低温催芽。先将种子倒进盐水中（盐与水按1：10的比例），漂除种子中的菌核，捞起、稍沥干，倒进40～50℃热水中烫种15～20分钟，再捞起、稍沥干，倒进凉水中浸泡6～7小时，然后捞起、沥干水后用湿布包好，置于15～20℃的环境下催芽，待种子有一半以上露白即可播种。

甲霜灵拌种

播种前用30％瑞毒霉拌种剂或25％甲霜灵可湿性粉剂拌种。

2. 整理苗床

将容器盛入菜园土（距离盆沿8～9厘米以上），将营养土均匀地撒于苗床上，厚1～2厘米，并整匀耙平，浇透底水。

先装土至离盆沿8～9厘米以上

再撒营养土1～2厘米厚

3. 播种育苗

（1）播种方法

种子掺细土

可直播，也可育苗移栽，多采取撒播的方式。因种子细小，可掺少量的细土拌匀后撒播。春天和冬天按1.5～2克/平方米用量播种，夏天和秋天按2.5～3克/平方米用量播种。一般选阴天播种。播后覆土3～5毫米厚。

（2）苗床管理

留苗距4～5厘米

春播的，白天要将薄膜上面的覆盖物揭除，晚上再盖上，不通风，以提高床温。尽量控制浇水，不旱不浇水。苗出土后适当通风。苗长出2～3片叶时进行间苗，苗距4～5厘米。苗具4～5片叶时进行移栽，移栽前5～6天要加大通风量炼苗。不移栽的按株距20厘米、行距27厘米间距间苗，选留健壮苗，其余拔除。

夏播的，苗长出2片叶时进行间苗，拔除过密及病、弱苗；苗具4～5片叶时再间苗一次，苗距10厘米。苗具5～6片叶时进行移栽，移栽前15天浇一次0.5%尿素水。不移栽的，按株距25厘米、行距30～35厘米间距选留健壮苗，其余拔除。

留苗距10厘米

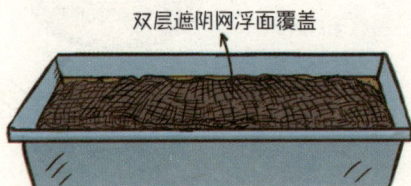

双层遮阴网浮面覆盖

秋播的，出苗前最好用双层黑色遮阴网浮面覆盖在苗床土上，出苗后换盖银灰色遮阴网。早晚浇水，使苗床土湿润，并及时人工除草。苗长出1～2片叶时间苗一次，苗距2～3厘米，再用磷酸二氢钾0.1%溶液追肥一次。苗具4～5片叶时进行移栽，不移栽的按株距30～35厘米、行距30～40厘米间距间苗，选留健壮苗，其余拔除。

冬播的，出苗后揭去覆盖物，尽量控制浇水，不干不浇水。苗具2片叶时进行间苗，苗距4～5厘米，发现杂草及时铲除。苗具4～5片叶时进行移栽。不移栽的按株距33厘米、行距33厘米间距间苗，选留健壮苗，其余拔除。

留苗距4～5厘米

4. 移栽定植

选择阴天或晴天下午凉爽时进行定植，以利于缓苗。

step1 选择有孔容器，洗净，盆底垫上瓦片或填塞尼龙纱，再装入营养土（至盆沿3～4厘米为宜）。种植单株的在中间挖5～7厘米深的穴；种植多株的，春莴笋按株距20厘米、行距27厘米的间距挖穴，夏莴笋按株距25厘米、行距30～35厘米间距挖穴，秋莴笋按株距30～35厘米、行距30～40厘米间距挖穴，越冬莴笋按株距33厘米、行距33厘米间距挖穴。

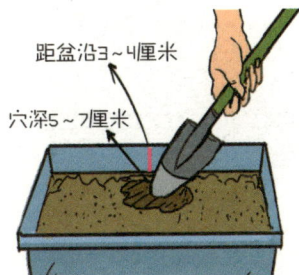

距盆沿3～4厘米

穴深5～7厘米

step2 用水淋透苗床，待土变松软时用园艺铲在小苗根系周围将小苗带土挖出，栽入备好的容器中已经挖好的洞穴。栽植时将根系垂直，让其舒展在穴内，并将植株扶正，用营养土填穴覆根，并稍压实，最后淋足定根水。

日常管理

1. 浇水施肥

春、夏、秋莴笋适时浇水追肥，以勤施淡肥为宜，可用腐熟有机肥结合浇水进行，使土壤保持湿润。植株封行前后再结合浇水追施2～3次尿素，每次按20克/平方米用量。

越冬莴笋移栽成活后追施1~2次腐熟有机肥（一般按10~14克/平方米的用量），混入适量水施用。越冬前应炼苗，不宜肥水过勤，冰冻前重施一次防冻肥水。越冬后开春时开始适时追加肥水，追肥浓度由小到大，到根茎开始膨大后，追肥次数减少，追肥浓度降低。

2. 中耕松土

春莴笋选晴暖天进行中耕，一般2~3次；夏莴笋只中耕1次；秋莴笋进行1次浅中耕；越冬莴笋进行1~2次中耕，第二年开春时再进行第二次浅中耕。一般移栽15~20天后进行第一次中耕。中耕深度3厘米左右为宜，浅中耕只用小耙轻耙表土即可；中耕时同时清除杂草。

3. 摘蕾打顶

为了延迟采收期，可在晴天用手掐去植株生长点和花蕾。

采收方法

莴笋要适时采收，过早肉质茎未充分肥大影响产量，过迟则肉质茎易空心变老。一般在主茎顶端与最高叶片的尖端相平时采收最佳。采收时连根拔起即可。

常遇问题解答

如何防止莴笋早期抽薹"蹿高"

如何防止莴笋肉质茎未充分膨大就出现抽薹"蹿高"现象？首先要按季节选择适宜的品种适时播种及定植。苗期应及时间苗，定栽时应合理密植，过密会造成植株拥挤，导致光照不足，使植株拔高争光而蹿长。还应适时进行中耕松土，促进根系发育，使嫩茎生长健壮。

当肥水过多或不足时也会出现未熟抽薹及蹿长现象。土壤湿度过大，嫩茎易徒长；在土壤干旱条件下，嫩茎生长则细弱。植株封行前应适当控制浇水，以土表见干见湿为宜，封行后再浇水，使土壤湿润，促进嫩茎生长膨大。底肥不足或追肥不及时，植株营养生长受到抑制，会加速生殖生长，易造成未熟抽薹现象。追肥时偏施氮肥，会造成植株叶片徒长，使养分积累少导致幼茎未能发育，形成未熟而蹿高抽薹的现象。

当处于高温、长日照条件下，叶片往往分化少，而花芽分化早、花器发育快，极易引起徒长抽薹。

芋头

　　又称芋艿、芋奶、芋根、地栗子、土栾儿、毛芋、青芋、芋魁、香芋等。主食部分为球茎；也可将叶柄上的表皮角质层撕去，横切成2～3厘米长的段，用来炖排骨、猪蹄或作火锅配料等，具有独特的风味。富含蛋白质、胡萝卜素、烟酸、B族维生素、维生素C及铁、钙、磷、钾、镁、钠、氟等多种成分。其中所含大量的氟成分具有洁齿防龋的功效；所含的黏液蛋白被人体吸收后能产生免疫球蛋白，可提高免疫力，能防治肿瘤及淋巴结核等病症；所含大量的黏液皂素及多种矿物质元素能帮助机体纠正矿物质元素缺乏导致的生理异常，还能增进食欲、帮助消化。因芋头属碱性食物，常食还能中和体内积存的酸性物质，调整体内的酸碱平衡，达到美容养颜、乌黑头发等多种效果。

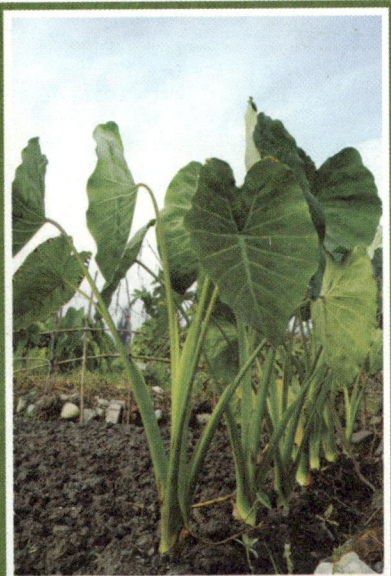

种植季节

　　南方种植水芋的一般于1月利用薄膜覆盖实行保温播种育苗，2月中下旬选择晴天移栽；种植旱芋的一般不需要育苗，于2月下旬至3月中旬直接用子芋栽种，也可提前于1月下旬进行栽种。其他地区可根据气温状况进行。

生长条件

　　芋头喜高温、湿润的环境，怕旱、耐涝，具有水生植物的特性，可水栽也可土栽。种芋在13～15℃以上开始发芽，生长适温为15～35℃，最适宜温度为20℃；球茎发育适温为27～30℃，低温干旱则生长发育不良。

　　较耐阴、较耐弱光，植株在散射光下生长良好，球茎需要在短日照条件下才能形成和膨大。

需要的材料及工具

1. 材料

商品有机肥（280克/平方米），石灰（70～100克/平方米），75%多菌灵杀菌剂，土壤

（土层深厚、疏松肥沃的沙壤土或沙泥土，忌种过芋头的土壤）。

2. 工具

水壶，园艺铲，小耙，塑料薄膜，容器（可依栽种数量选择深度在40厘米以上的容器）。

选择种子

水芋　　　　旱芋

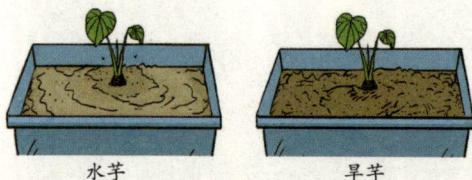

按栽培环境分为水芋、旱芋两类品种，按球茎的分蘖性又分为多子芋、魁芋、多头芋三类品种。

多子芋：植株高大，分蘖性强，子芋多且肥大，可在较低温度下及较短的生长期栽培。以食子芋为主，肉粉质、细软，淀粉含量高，品质好；母芋中等大小，肉质粗、味劣。

魁芋：植株高大，分蘖性弱，子芋少，母芋大到球茎总重量的一半以上，要求较高温度和较长的生长期栽培。以食母芋为主，肉粉质、细软，淀粉含量高，香味浓，品质佳。

多头芋：植株矮，分蘖性强，母芋、子芋及孙芋密集，无明显的大小差异，因产量低，只有在温暖的环境下才能丰产，故栽培较少。肉粉质、致密、水分少，有香味，味较佳。

注

母芋：植株生长其间，基部形成短缩茎并逐渐积累养分形成肥大的肉质球茎，这种肉质球茎称为母芋。

小子芋

子芋及孙芋：芋头每节都有1个脑芽，以中下部节位的脑芽活动力最强。母芋第一次分蘖形成的小球茎称为"子芋"，子芋发生第一次分蘖形成的小球茎称为"孙芋"，孙芋发生第一次分蘖形成的小球茎称为"曾孙芋"。

选个圆、光滑、均匀、无伤口、无病虫、无霉烂、单芋重15克左右的小子芋作种。

种植方法

1. 种芋处理

多菌灵溶液浸泡1小时

播种前用75%多菌灵800倍液浸泡种芋1小时。选择晴天将种芋晒1~2天，再密排于催芽容器内，保持18~20℃的温度，进行喷水催芽。芽长出1厘米左右时，选健壮的芽作种。

2. 整理苗床

将备好的商品有机肥、石灰、沙壤土一起盛入容器，距离盆沿3～4厘米，耙匀整平，浇透底水。

距盆沿3～4厘米

3. 播种育苗

种植旱芋的可直接用带芽的小子芋栽插播种，种植水芋的多采取育苗移栽。

穴深3～5厘米

（1）播种方法

旱芋直播： 选择外形端正、无破损、球茎饱满、芽头粗壮的小子芋。种单株的挖3～5厘米深的穴，种多株的间隔25～30厘米挖穴。将催芽后的小子芋以芽朝上插栽，再封穴覆土，及时浇水。

水芋育苗： 将催芽后的种芋密排于苗床上，上覆3～5厘米厚的土，浇透水，再覆盖一层薄膜。

覆盖3～5厘米厚土　　　盖塑料薄膜

（2）苗床管理

芽长约3厘米时，每天揭膜通风1～2小时。苗齐后结合浇水追肥一次，用复合肥（100克/平方米）对适量水浇施。浇肥水后应用小耙给小苗轻轻松土，并及时铲除杂草。

苗长到10厘米左右可进行移栽。

4. 水芋移栽定植

step1 将容器盛入碳酸氢铵、磷肥、复合肥（三种肥均按70克/平方米用量），再装入沙泥土（距离盆沿15～18厘米为宜），耙匀整平后，再注入水，使容器土表保持一层2～3厘米深的浅水。

距盆沿15～18厘米　　　土以上水层2～3厘米深

step2 用水淋透苗床，待土变松软时用园艺铲将芋球带土挖出。种植多株的按60厘米的间距栽入泥土中，栽插深度以芋球全部插入泥土中，芋苗露出水面为宜。

日常管理

1. 浇水施肥

旱芋： 生长期不能缺水，干旱时要夜灌日排，严禁穴内积水，使土壤含水量保持在85%～90%。收获前15天停止灌水，以利于收获贮藏。

在幼苗靠近土壤的部分生出分枝时（俗称发棵）以及球茎开始膨大时，各追肥一次，将硫酸钾（20克/平方米）、有机肥（10克/平方米）、硼锌镁肥（2克/平方米）混匀后施于植床上，用浅土盖肥。球茎生长盛期，用同样方法追施硫酸钾（35克/平方米）。

水芋： 生长前期容器内保持2～5厘米浅水层，随着植株长大，水层可适当加到5～8厘米，不宜过深，以保持通气。当气温上升到30℃以上时，早晚各灌一次凉水降温，并适期换水，水层保持在13～15厘米。气温下降后，水层水位逐渐下降，直到母芋成熟后排干容器中的水，以保持土壤湿润为宜，但不能干旱，以免球茎浇水后腐烂。

一般移栽后10天左右追施一次尿素（14～15克/平方米），以促进生长，以后追施尿素2次，植株生长盛期肥量双倍。母芋开始膨大至球茎膨大盛期各追肥一次，施用复合肥（28克/平方米）；母芋膨大定型后停止追肥，以免植株疯长贪青，影响球茎淀粉的积累。

2. 中耕培土

旱芋： 在封行前要结合中耕除草进行2～3次培土，可抑制子芋、孙芋顶芽的萌发，从而减少养分消耗，促进球茎膨大。培土时每次覆土5～7厘米厚，每隔15～20天一次。

水芋：水芋球茎需培泥才能正常生长，当球茎露泥时，是培泥的恰当时机。若种植的泥脚深，只需培泥一次；若芋株形体中等长、偏粗、泥脚浅，多是由于水利条件差所致，一般需培泥三次以上才有利于改善。培泥时发现杂草应及时人工拔除。

3. 切除子芋

植株长出7～8片叶时开始发生子芋，当子芋长有1叶1芯时，用小刀将子芋割除生长点，以减少养分分散和消耗。切割时不要伤及母芋。

4. 摘枯老叶

植株生长期间，应及时摘除外围发黄及枯老、病叶等，以减少养分消耗及改善通风透光条件。

5. 施矮壮素

植株45厘米左右高时，可淋施一次壮秧剂（7克/平方米），20天后再淋施一次。

采收方法

当叶片变黄、根系枯萎时即可采收。留种的选择形状正常、健壮无病的种株，待成熟后采收。采收前6～7天在叶柄基部6～9厘米处割去地上部，伤口干燥后选择晴天采收，可防止贮藏过程中腐烂。采收时不要挖伤球茎，采收后除去杂物及败叶，晾1～2天干后贮藏。

6～9厘米

四、佐料类蔬菜

生姜

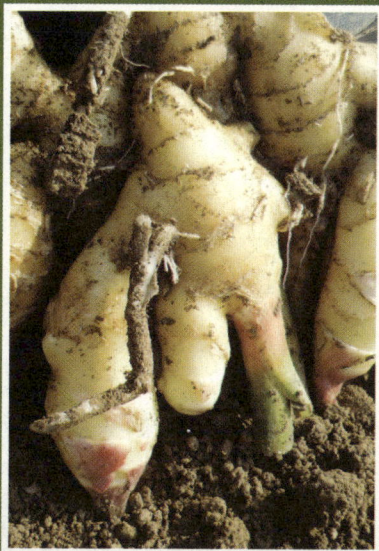

　　嫩者称子姜，老者称老姜，通常人们所说的生姜指的是后者。吃生姜能起到抗衰老的功效，老年人常吃可防治"老年斑"；因为生姜中的姜辣素进入人体后能产生一种抗氧化本酶，对付氧自由基的功效比维生素E还要强得多。生姜所含的挥发油能增强胃液分泌及肠壁蠕动，有促进消化、增进食欲的作用。生姜中的姜酮、姜烯混合物有明显的止呕吐作用，被中医誉为"呕家圣药"。生姜提取液还具有某些抗生素的作用，尤其是对沙门氏菌，在气温较高的环境下食品易受到细菌污染，食入后易引起急性胃肠炎，适量食姜则可起到防治作用。生姜还可加快人体新陈代谢、通经活络等，对肾虚阳痿具有一定的治疗功效；在炎热时吃生姜还能起到排汗降温、提神兴奋等作用。

种植季节

　　广东、广西等冬季无霜的地区一般于1—4月播种，长江流域各省（包括四川、云南、重庆、湖北、湖南、江西、安徽、江苏、上海等）一般于4月下旬至5月上旬播种，华北地区（包括北京、天津、河北、山西、内蒙古等）多于5月中旬播种，东北（包括辽宁、吉林、黑龙江）、西北（包括宁夏、新疆、青海、陕西、甘肃）等地必须要在封闭阳台或室内栽种。

　　从播种到收获需6～7个月以上才能收获。

生长条件

　　生姜喜阴湿、温暖的环境，不耐热、不耐寒、怕干旱、不耐涝。在16℃以上开始发芽，发芽最宜温度为22～25℃；生长适温为25～29℃，20℃以下生长缓慢，15℃时生长停止。根茎膨大需要较高的温度，在20～28℃时发育迅速，15℃以下停止生长，低于10℃根茎容易腐烂，40℃时仍无妨碍。

　　属喜光、耐阴作物，不同的生长期对光照要求不同。发芽期需黑暗环境，苗期要求中等强度光照，生长盛期需要较强的光照。长日照、短日照或自然光照都能形成根茎，以自然光照最佳。

需要的材料及工具

1. 材料

饼肥（100克/平方米），氮磷钾复合肥（70克/平方米），草木灰（140~200克/平方米），0.5%高锰酸钾溶液，土壤（选择没种过生姜、芋头、红薯、茄子、烟叶、土豆等易引起病害的肥沃疏松的壤土或沙壤土为佳，黏重潮湿或缺乏养分的保水性差的土生长不好）。

2. 工具

水壶，园艺铲，小耙，4根小竹棍或筷子（高20~25厘米），4根竹竿（高1米左右），金属丝，报纸，树叶或其他遮阴物，容器（可依栽种数量选择深度在30厘米左右的有孔容器）。

选择种子

药姜

按根茎用途分为食用药用型（即药姜）、食用加工型、观赏型三类品种，阳台种植一般选用食用药用型品种。

药姜鉴别方法：表面呈黄褐色或灰棕色，有环节；根茎略扁，呈不规则块状，有指状分枝，分枝顶端有茎痕或芽；茎质脆、易折断，断面呈浅黄色，内皮层环纹明显；气香，味特别辛辣。

选择肥大丰满、皮色鲜艳、肉色鲜黄不干缩、质地硬、芽头肥圆而质脆、块茎50~100克的无病害的姜作种。见有水渍状肉质变色、表皮易脱落的一定要淘汰，这种块茎已受病害感染。

种植方法

1. 种子处理

用高锰酸钾溶液浸泡20~30分钟

将种姜放在太阳下翻晒几天，使姜皮变干发白为止，能使出芽快而整齐，又可晒死种姜表皮细菌。用0.5%的高锰酸钾溶液浸泡种姜20~30分钟，捞出并用清水冲净，稍沥干后置于20~30℃黑暗处催芽。种姜露白后切成小块，每块保留1~2个壮芽。

2. 整理苗床

距离盆沿3~4厘米

生姜多在种姜催芽后直播。选择有孔容器，洗净，盆底垫上瓦片或填塞尼龙纱，再装入备好的饼肥、氮磷钾复合肥、草木灰、土壤（距离盆沿3~4厘米），并耙匀整平。

3. 播种方法

穴深5～6厘米

覆盖土深度5～6厘米

种植单株的挖5～6厘米深的穴，种植多株的按株距25厘米、行距45厘米的规格挖穴。先向穴中浇水，待水渗透后，再将种姜平放于穴内，芽朝上。播后覆土封穴，使播种深度保持在5～6厘米。

日常管理

1. 架设遮阴棚

生姜怕强光照射，对日照长度要求不严格。播种后应及时使用遮阴棚遮阴；苗高15厘米后可撤除遮阴棚，搭成1米左右高度的平架，架上铺盖稀疏的杂草或树叶等，以挡住部分阳光，降低照射强度；待枝叶繁茂，再撤除棚架，以便较强的光照利于地下根茎的膨大。

2. 浇水施肥

一般出苗前不浇水，若土壤干旱，播后4～5天再浇一次水。待苗有80%以上出土后再浇水，以保持土壤湿润为宜，不宜漫灌或积水，夏季以早晚浇水为宜，雨后要及时排水。进入生长旺盛期，茎叶迅速生长，地下根茎开始膨大，此期需水量最多，要勤浇水，以保持土壤始终湿润状态。收获前10天应停止浇水。

苗高30厘米左右、有1～2个分枝时，进行第一次追肥，肥料以氮肥为主，可用硫酸铵或磷酸二铵（均按28克/平方米用量），若播期过早，苗期较长，可结合浇水施肥2～3次。生长旺盛期，进行第二次追肥，以促进发棵及根茎膨大，用饼肥（100～114克/平方米）、复合肥（70～140克/平方米），在植株一侧距植株基部10厘米处挖穴（多株的挖沟），将肥料撒入穴中（或沟内），与土壤混匀后封穴（或封沟），同时结合培土进行，最后浇透水。植株具6～8个分枝时根茎迅速膨大，此期追施第三次肥（即壮姜肥），应少施或不施氮肥，以防茎叶徒长而影响养分累积；可用复合肥（35～40克/平方米）或硫酸铵（3～4克/平方米）加硫酸钾（3～4克/平方米）。

3. 中耕培土

出苗后结合浇水除草，进行1~2次浅中耕，每隔10~15天一次。进行中耕时宜在浇水除草后，待土不黏时，用小耙松土，中耕深度以10厘米左右较适宜。

植株进入生长旺盛期，进行第二次追肥时结合挖穴（挖沟）进行第一次培土，以防止块茎露出土面降低质量。以后每隔15~20天再培土一次，共培土3~4次。

4. 摘除隐芽

植株高20厘米左右时，姜母上常会有隐芽发出，应及时把这些隐芽摘除，以减少养分消耗。植株高30厘米左右时，姜母两侧长出的1~2个隐芽应保留下来。

采收方法

生姜采收一般分嫩姜、老姜、种姜三种。采收嫩姜的可在8月初开始采收，早采的姜肉质鲜嫩、水分多、辣味轻、不耐贮藏，适合作腌菜、辣椒调料等。采收老姜的可在植株上部开始枯黄、根茎充分膨大时采收，此时姜味辣、耐贮藏，适合用于调味或加工干姜片等。采收时选晴天，齐地割断植株，再挖出块茎。采收种姜的，将植株根系的土壤拨开，再取出种姜并及时覆土掩盖根部。

留种的生姜最好专设容器栽培，生长期间多施钾肥（如草木灰），少施氮肥（如尿素）。选择健壮、充实、无病害、无受伤的块茎作种，采收后晾晒几天，以降低块茎水分再进行贮藏。

大蒜

有"天然抗生素"的称誉，既可食用又可调味，还可入药防治多种病症。含维生素 B_1、维生素 B_2、蒜素、柠檬醛、烟酸及硒、锗、铜等多种微量元素。其中所含的蒜胺对大脑的益处比B族维生素强多倍，儿童多吃蒜及葱能使脑细胞的生长发育更加活跃。富含的铜元素是维持人体健康不可缺少的微量营养元素，对头发、皮肤、骨骼组织、血液、中枢神经及脑、肝、心脏等具有重要的影响。所含的硫化合物具有极强的抗菌消炎作用，是目前发现的天然植物中抗菌功效最强的一种。所含硒、锗等微量元素可抑制肿瘤细胞和癌细胞的生长，是美国癌症组织认为的"全世界最具抗癌潜力的植物"。有研究显示，大蒜还有利于血液循环，对勃起功能有利，所以，食用大蒜具有治疗阳痿的作用。

种植季节

大蒜植株长到5～6片叶时抗寒力最强，此时在寒冷的冬季不会被冻死。因此，一般于9月中下旬播种，第二年5月中下旬收获。采收蒜苗（即青蒜）的，长江流域（包括四川、云南、重庆、湖北、湖南、江西、安徽、江苏、上海等）可提早到8月中旬播种，华南地区（包括广东、广西壮族自治区、海南、香港特别行政区、澳门特别行政区）可于9月至第二年1月播种。播后60～80天可采收。

种植环境

大蒜耐寒性强，不耐旱也不耐涝。种子在3～5℃条件下即可发芽，发芽最适温为20℃左右；幼苗生长适温为12～16℃；蒜头形成适温为15～20℃，蒜头膨大适温为20℃左右。

属长日照作物，在低温和长日照条件下才能正常生长及发育。幼苗期对光照时间要求不严格。在12小时以上的日照条件下和15～20℃温度下，茎盘上的顶芽才可转向花芽分化，并迅速抽蔓；鳞芽分化期后，需13小时以上的日照条件鳞茎才能发育，蒜头才能分瓣，否则植株只长蒜苗不结蒜头，形成独头蒜。因此，培育蒜苗的，适宜在弱光、短日照条件下的冷凉环境种植。

需要的材料及工具

1. 材料

腐熟有机肥（7～11千克/平方米），尿素（28克/平方米），硫酸钾（14克/平方米），石灰，草木灰（57克/平方米），80％敌敌畏乳油，土壤（以土质肥沃、排水良好的沙壤土为宜，忌用种过大葱、洋葱、韭菜等葱属作物的土，也不宜同种）。

2. 工具

水壶，园艺铲，小耙，塑料薄膜，容器（可依栽种数量选择深度在30厘米内的有孔容器）。

选择种子

大蒜的品种繁多，依蒜头外皮的色泽可分为紫皮蒜和白皮蒜；营养价值以独头紫皮蒜最佳。通常依据蒜瓣大小来划分，分为大瓣蒜和小瓣蒜两类品种。

先进行手工扒皮、掰瓣，去掉蒜头的托盘及茎盘，再选择纯白无红筋、无光皮、无伤痕、无糖化、单瓣重5～8克的蒜子作蒜种。

大瓣蒜

小瓣蒜

种植方法

1. 种子处理

播种前先将蒜种放在太阳下晾晒1～2天，既可晒死表皮细菌，又可提高出芽率。按100克石灰对5千克水的分量配制石灰水，滤除渣后，将晒后的蒜种置于此石灰水中浸泡24小时，再捞出，用清水漂净，置于阴凉处用湿润的沙壤土覆盖，沙壤土湿度以手捏成

用石灰水浸泡24小时

团、落地即散为宜。2～3天后蒜种发出白根即可播种。播种前用80％敌敌畏乳油1000倍液拌种，能防止病虫害尤其地下虫害的发生。

撒盖湿沙土催芽

敌敌畏乳油拌种

2. 整理苗床

选择有孔容器，洗净，盆底垫上瓦片或填塞尼龙纱。再将备好的腐熟有机肥、尿素、硫酸钾、土壤盛入容器内（距离盆沿3～4厘米为宜），耙匀整平，浇透底水。

距盆沿3～4厘米

3. 播种方法

一般实行直播。单穴栽种的挖3～4厘米深的穴；大量栽种的按株距10厘米、行距16～18厘米（培育蒜苗的按株距2～3厘米、行距13～17厘米）

株距10厘米　行距16~18厘米

穴内撒草木灰
穴深3~4厘米

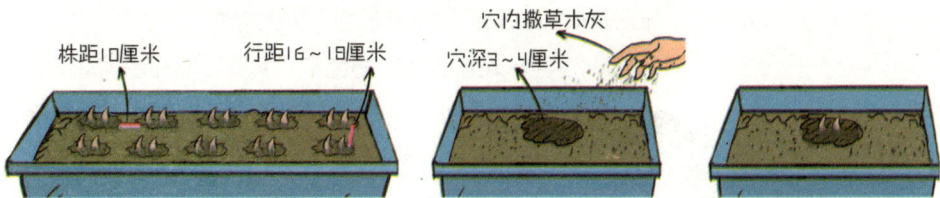

的规格挖穴，每穴播2~3瓣。也可按沟距16~18厘米（培育蒜苗的按13~17厘米）规格挖沟，在沟内按2~3厘米间距挖3~4厘米深的穴，每穴播2~3瓣。播后覆土2~3厘米厚，稍压实，再及时浇水。为了保湿保温，以利出苗，可覆盖塑料薄膜（或干草），薄膜拉紧，两边用土压实。

播后覆盖2~3厘米厚土　盖塑料薄膜

挖穴或挖沟时，将草木灰按57克/平方米的用量施于穴内或沟内，因为蒜蛆是大蒜最易发生的虫害，使用草木灰能有效控制蒜蛆的发生。播种时不宜过密，以免鳞茎肥大时受到影响；也不宜过深，否则出苗迟，根系吸肥水过多，生长过旺，鳞茎形成受到土壤挤压难于膨大；也不宜过浅，易导致幼苗期缺水，根系发育差，越冬易被冻死。

日常管理

1. 搭遮阴棚及放苗

烈日下可用遮阴网（或架设30厘米高的遮阴棚）遮护，下午5点后或夜晚或阴天时再揭开通风。芽刚破土，选择早晨或傍晚气温低时，及时把塑料薄膜弄破（可用小刀把薄膜划一小口或用小铁丝弯成的小钩将苗钩出），使苗露出膜外。苗齐后再撤去遮阴网（或遮阴棚）。

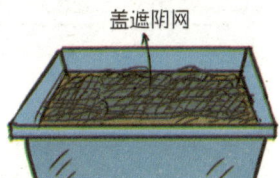

盖遮阴网

2. 浇水施肥

大蒜需肥水量较大，整个生长期一般需3~4次肥水。

播种覆土后应及时浇透水（俗称覆膜水）。发根壮苗期浇一次水（俗称壮苗水），如9月中下旬播种的，一般在4月上旬或地温在15℃以上时浇水。蒜薹刚出尖时，及时

浇一次水（俗称出薹水）。拔完蒜薹后，应及时浇水（俗称蒜头膨大水）。

苗出齐后，追施第一次肥（俗称出苗肥），可按40～50克/平方米用量追施氮磷钾复合肥。播种60～80天重施一次肥（俗称盛长肥），用硫酸铵（14克/平方米）、硫酸钾或氯化钾（7～8克/平方米）。茎叶和蒜薹迅速伸长，蒜头开始缓慢膨大，旧根衰老、新根大量发生，此时再重施一次肥（俗称孕薹肥），用速效钾、氮肥（14～20克/平方米）。蒜薹采收前，应追施一次尿素（7克/平方米）或速效钾、氮肥（7～14克/平方米），此时追肥不宜过多，以免引起蒜瓣返青。蒜薹采收后即有丰富的养分促进蒜头膨大，所以不宜再追肥，否则会导致贪青减产。

3. 中耕除草

幼苗生长期，发现杂草应从小刀划开的小口处将杂草拔除，或从小铁丝钩破处将杂草拔除。苗出齐后，土壤板结时，应结合除草用小耙轻轻松土；苗具有5～6片叶时进行第二次浅中耕。

采收方法

采收蒜薹应适时，过早产量低；过迟则蒜薹组织老化、纤维多而不宜食用，且会消耗过多的养分而影响蒜头的生长发育。一般当蒜薹抽出叶鞘、开始甩弯时采收最宜。采收时选择晴天中午或午后，不宜在雨天或雨后进行，以免蒜薹和叶片吸收水分后容易折断。采收时用手轻轻往上提取即可。

采收蒜头也应适时，过早蒜头嫩而水分多，组织也不充实；过晚拔蒜头时蒜瓣易散落。一般当大蒜上部叶片褪色成灰绿色、叶尖干枯下垂、假茎处于柔软状态时采收为宜。采收时软地直接用手拔出，硬地用铲挖出。用蒜叶掩盖蒜头的方法将起出的蒜置于土表晾晒10小时（要防止蒜头曝晒及糖化），再把蒜须削掉，置于通风处继续晾晒至八九成干，剪下蒜头（上留2厘米长蒜秆），扎成小把挂于通风处阴干。

香葱

又名火葱、细香葱、四季葱、北葱、冬葱等，是一种既可调味又可防病治病的佳蔬良菜。含有胡萝卜素、B族维生素、维生素C、烟酸及钙、镁、铁等多种成分。其近根部的茎称为葱白，具有健胃、利尿、祛痰及防治感冒、头痛、鼻塞等功效；所含的大蒜素具有明显的抵御细菌及病毒的作用，尤其对皮肤真菌及痢疾杆菌具有较强的抑制作用。香葱中所含的果胶，能明显地减少结肠癌的发生，所含的蒜辣素也可抑制癌细胞的生长。

种植季节

鳞茎种植一般于4—5月实行，种子播种一般于3—4月实行。也可于9—10月实行鳞茎秋栽或种子秋播。

一般播种30天后可陆续采收。

种植环境

喜凉爽湿润的环境，较耐寒、较耐热，不耐涝、不耐旱。发芽适温为13～20℃；茎叶生长适温为18～23℃，高于25℃生长缓慢；根系生长适温为14～18℃，28℃以上生长速度缓慢。

喜较低的光照，对光照长短要求不严。光照过弱，生长不良，叶片细长且叶色淡黄；光照过强，尤其是强光下曝晒，组织容易老化，长势也会衰弱。

需要的材料及工具

1. 材料

腐熟有机肥，腐叶土，菜园土（以土质肥沃、排水良好的土壤为宜，不宜用沙土或板结的土种；忌用种过大葱、洋葱、韭菜等葱属作物的土，也不宜同种）。

营养土配制方法：用菜园土、腐叶土、腐熟有机肥按6：1：3的比例混匀，配制成营养土备用。

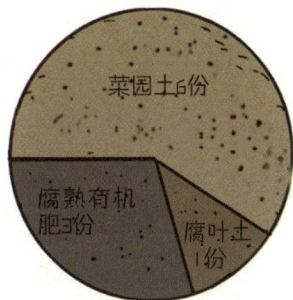

菜园土6份

腐熟有机肥3份

腐叶土1份

2. 工具

水壶，细孔喷壶，园艺铲，小耙，剪刀，湿布，容器（可依栽种数量选择深度在20厘米以上的有孔容器）。

选择种子

根据葱白的长短分为大葱和小葱。大葱植株高大，葱白洁白而味甜，一般用于解毒调味，多于北方栽种；小葱又称香葱，一般用于生食或作为凉拌菜的佐料，多于南方种植。

鳞茎种植的，选择上一年保留的鳞茎或直接从菜市场购买带根的鳞茎，以根盘完整、株高25～30厘米、株茎直径0.5厘米左右的健壮香葱作种苗为宜；种子繁殖的，选择紫色花形成的、香味浓的新鲜种子最佳，因为种子的寿命只有2年左右。

种植方法

香葱可播种繁殖，但以鳞茎种植最佳。

一、鳞茎种植

距盆沿3～4厘米

穴深4～6厘米

覆盖4～6厘米厚土

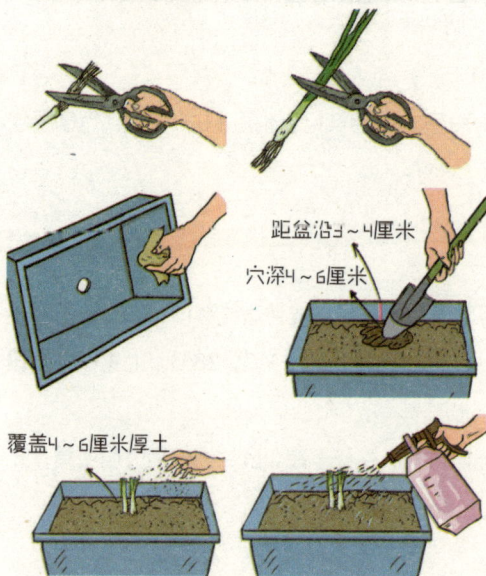

1. 修剪鳞茎。用剪刀把葱须剪掉1/2，以利于根系充分吸收土中营养而易成活；再将葱叶剪去，不要剪到白色的叶鞘。

2. 选择容器，洗净，盆底垫上瓦片或填塞尼龙纱，盛入备好的营养土（距离盆沿3～4厘米为宜）；单穴栽种的挖4～6厘米深的穴，多穴栽种的间距10厘米挖穴。

3. 将修剪好的鳞茎按每穴2～3株栽入，覆土4～6厘米厚，不宜栽种过深，以鳞茎稍露出土面为宜。

4. 浇水淋透根系，以利植株成活。

二、播种繁殖

1. 种子处理

香葱可直接播干种子，也可在播种前进行催芽。将种子置于30℃温水中浸泡24小时，捞去秕子和杂质，将种子上的黏液冲洗干净后用湿布包

用30℃温水浸泡24小时

好，置于15～20℃的环境下催芽。催芽期间每天用清水冲洗1～2次，有一半以上的种子露白即可播种。

2. 整理苗床

将容器盛入植土（距离盆沿8～9厘米以上），将营养土均匀地撒于苗床上，厚1～2厘米，并整匀耙平，浇透底水。

先装土至离盆沿8～10厘米以上

再撒1～2厘米厚营养土

3. 播种育苗

（1）播种方法

可撒播也可条播。撒播的将种子均匀地撒于苗床上；条播的按10厘米间距划沟，将种子均匀地撒于沟内。播种量按3～5克/平方米，播后覆盖1.5～2厘米厚的营养土，并及时用细孔喷壶浇透水。

播后覆盖1.5～2厘米厚营养土

条播沟距10厘米

（2）苗床管理

盖遮阴网

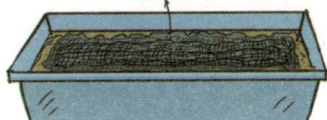

秋季播种的，应使用遮阴网等遮挡强光。

出苗前后不宜干旱或过湿，要适时适量浇水，以土壤见干见湿为宜。小苗生长较缓慢，可以用剪刀采收葱叶（不要剪到白色的叶鞘），留根茎慢慢生长。

40～50天后即可移栽定植。也可不移栽，一直陆续采收。

4. 移栽定植

step1 先将容器洗净，盆底垫上瓦片或填塞尼龙纱，再装入营养土（至盆沿3～4厘米为宜）。单穴栽植的挖4～6厘米深的穴，多穴栽种的按株距8～10厘米的间距挖穴（种多行的行距12～20厘米）。

距盆沿3～4厘米

穴深4～6厘米

step2 用水淋透苗床，待土变松软时用园艺铲在小苗根系周围将小苗带土挖出；选择

大小一致、健康无病的苗，按每穴
8～10株栽入备好的容器中已经挖
好的洞穴。栽植时将根系垂直，让
其舒展在穴内，并将植株扶正，用
营养土填穴覆根，并稍压实，最后
淋足定根水。

日常管理

1. 遮阴庇护

夏、秋季要用遮阴网等遮阴，不要让其曝晒，以免高温时易休
眠而停止生长或使茎叶晒蔫。

2. 浇水施肥

移栽缓苗后应控制浇水，一般每7～10天浇一次水，以
土壤湿润为宜，注意雨后排除积水。每次收割后3天左右伤
口愈合，待新叶即将长出时浇水一次。

定植缓苗后应及时追肥，以薄肥勤施为宜，一般每隔
12～15天追肥一次。可用尿素（7克/平方米）、氯化钾
（6～7克/平方米），结合浇水进行，以免烧伤植株。收
获15～20天，应重施尿素（21克/平方米），同时喷施喷施宝2000～3000倍液、氨基酸肥
600～1200倍液作为叶面肥，可促进葱株嫩绿。

3. 中耕除草

移栽缓苗后，浇第一次水后土不黏时用小耙轻轻松
土，以促进根系生长。以后每次收割后待伤口愈合后，浇
过水、土不黏时，再用小耙进行中耕松土一次。中耕深度
2～3厘米为宜，以"近根处稍浅"为原则，注意不要伤及
根系。中耕时发现杂草，应及时铲除。

松土深度
2～3厘米

采收方法

当葱叶生长繁茂时可采收葱叶，采收时宜选择晴天早上或傍晚（中午等气温较高时易死
苗），将叶鞘以上的叶子剪下即可，中间的较小葱叶可保留任其继续生长。当葱叶大部分变
黄时可将鳞茎挖出，用于繁殖的鳞茎把叶子晾干后置于通风处贮存，其余的鳞茎切去根须、
洗净泥土，晒干后悬于通风处贮存。葱叶可切成小段，晒干后贮藏。

香菜

又叫香荽、胡菜、原荽、园荽等，北方一带俗称"芫荽"。富含钙、铁、磷等矿物质元素，还含有胡萝卜素、苹果酸钾、维生素B_1、维生素B_2、维生素C等，其中维生素C含量比普通蔬菜还要高许多，所含胡萝卜素比西红柿、菜豆、青瓜等高出10倍多。所含的挥发油具有特殊香气，放进菜肴中，既可去除肉类的腥膻味，又可刺激人体汗腺分泌，促使机体发汗透疹；还能促进胃肠蠕动，起到开胃醒脾的作用。

种植季节

一般可实行春、夏、秋季播种，以秋播最佳；南方全年可播种。春播一般在4月上旬前实行，夏播于7月下旬至9月上旬实行，秋播于10上旬至11月中旬实行。

高温时，播后30天可收获；低温时，播后40～60天收获。

种植环境

香菜属耐寒性作物，喜冷凉环境，怕旱、怕涝。种子发芽适温为10～20℃，最适宜温度为18～20℃，25℃以上发芽率迅速下降，30℃及以上几乎不发芽；生长适温为12～26℃，能耐-1～2℃的低温，超过20℃生长缓慢，30℃以上停止生长。

喜光，也耐阴。夏、秋季应使用遮阴网遮阴50%左右，以利植株生长。

需要的材料及工具

1. 材料

腐熟有机肥（2千克/平方米），过磷酸钙（14克/平方米），复合肥（7克/平方米），一盆50～55℃热水，土壤（对土壤要求不严，但以土质肥沃、保水保肥、通风良好、3年以上未种过香菜的土为最佳）。

2. 工具

水壶，细孔喷壶，湿布，园艺铲，小耙，容器（可依栽培数量选择深度在20厘米以上的有孔容器）。

选择种子

香菜分大叶和小叶两类品种。大叶品种植株高，叶片大，缺刻（叶子边缘上的凹陷）少而浅，产量较高，但香味淡；小叶品种植株较矮，叶片小，缺刻深，香味浓且适应性强，但产量稍低。所以一般多选择小叶品种栽种。

大叶香菜

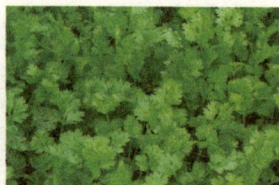

小叶香菜

选择无损伤、无菌核、颗粒饱满的种子为佳。

种植方法

1. 种子处理

香菜种皮较坚硬，且果实内有多粒种子，播种前应将果实外壳搓破，使种子散出。把种子倒进50～55℃热水中浸泡20分

50～55℃热水浸泡20分钟

继续浸泡2～4小时

钟，不停搅拌至水温降到30℃左右，继续浸泡2～4小时后，把种子捞出、稍晾干，用湿布包好，置于18～20℃环境下催芽，待种子露白后即可播种。

距离盆沿3～4厘米

有孔容器

2. 整理苗床

选择有孔容器，洗净，盆底垫上瓦片或填塞尼龙纱，再装入备好的腐熟有机肥、过磷酸钙、复合肥、土壤（至盆沿3～4厘米为宜）；耙匀整平后，浇透底水。

3. 播种方法

通常采用直播、撒播的方式。由于种子细小而轻，可掺适量细土，再均匀撒播于苗床上。播种量按4～5克/平方米，播后覆盖一层1厘米厚的细土，并用细孔喷壶浇水。

种子掺细土

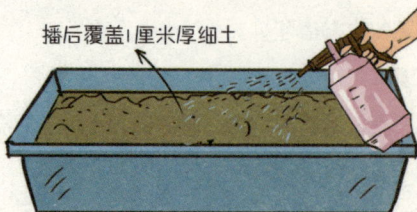

播后覆盖1厘米厚细土

日常管理

1. 遮阴防护

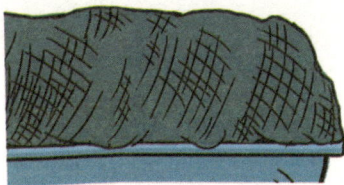

夏、秋季烈日下播种后，应及时用遮光率45%～50%的遮阴网覆盖，待出苗后根据情况拆除遮阴网或升高至60～70厘米高形成小棚，直至采收结束。使用遮阴网时，在傍晚应揭除，以利通风。

2. 浇水施肥

苗期需肥水较少，一般在苗高5厘米左右时，土壤含水量逐渐减少，此时结合浇水追肥1次，按14克/平方米用量追施尿素。植株生长期一般每隔10天左右结合浇水追肥一次，用尿素（14克/平方米）、三元复合肥（17～20克/平方米）；天旱时应及时浇水，下雨应及时排涝，使土壤含水量保持在60%～70%。植株高达30厘米左右，要控水控肥，减缓植株茎秆旺长；为了增加产量以及增强耐储存性，可喷施2次叶面肥，使用0.1%硝酸钾溶液、0.1%硝酸钙溶液，每隔10天左右喷施一次；每采收2～3次再追肥一次，以利植株迅速生长。

3. 间苗除草

苗高3厘米时进行第一次间苗，苗距保持2厘米左右；苗高5厘米左右进行第二次间苗，苗距保持4厘米左右。间苗时发现杂草，应及时铲除。

留苗距2厘米左右

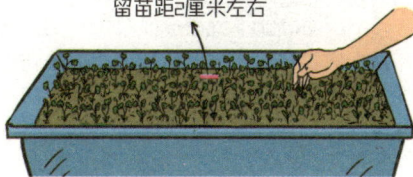

4. 中耕松土

整个生长期应进行2～3次中耕松土。第一次中耕在出苗后进行；第二、三次中耕结合第一、二次追肥时进行。中耕深度2～3厘米为宜，以"近根处稍浅"为原则，注意不要伤及根系。中耕时发现杂草，应及时铲除。

采收方法

一般苗高10～20厘米可间拔采收；也可每株采摘3～4片叶，使植株保持有5～6片叶继续生长。通常在株高15～30厘米开始正常采收，采收时整株连根拔起。

图书在版编目（CIP）数据

阳台种菜 / 姜璇编著. —沈阳：辽宁科学技术出版社，2014.2

ISBN 978-7-5381-8365-8

Ⅰ.①阳…　Ⅱ.①姜…　Ⅲ.①蔬菜园艺　Ⅳ.①S63

中国版本图书馆CIP数据核字（2013）第265743号

出版发行：辽宁科学技术出版社
　　　　　（地址：沈阳市和平区十一纬路29号　邮编：110003）
印 刷 者：辽宁星海彩色印刷有限公司
经 销 者：各地新华书店
幅面尺寸：168mm×236mm
印　　张：9.5
插　　页：1
字　　数：150 千字
印　　数：1~4000
出版时间：2014 年 2 月第 1 版
印刷时间：2014 年 2 月第 1 次印刷
责任编辑：李丽梅
封面设计：王　迪
版式设计：鹤鸣图书策划机构
责任校对：徐　跃
书　　号：ISBN 978-7-5381-8365-8
定　　价：32.00元

联系电话：024-23284063
邮购热线：024-23284502
E-mail：542209824@qq.com
http://www.lnkj.com.cn